过度智能

Too Smart

[美] 贾森·萨多夫斯基　著

徐　琦　译

中国出版集团

中 译 出 版 社

图书在版编目（CIP）数据

过度智能 /（美）贾森·萨多夫斯基著；徐琦译
. -- 北京：中译出版社，2022.1
书名原文：Too Smart: How Digital Capitalism Is Extracting Data, Controlling Our Lives, and Taking Over the World
ISBN 978-7-5001-6777-8

Ⅰ. ①过… Ⅱ. ①贾… ②徐… Ⅲ. ①智能技术 Ⅳ. ① TP18

中国版本图书馆 CIP 数据核字（2021）第 218616 号
（著作权合同登记：图字 01-2021-5035 号）
First published by The MIT Press in 2020.

过度智能

著　　者：[美] 贾森·萨多夫斯基
译　　者：徐　琦
策划编辑：于　宇　华楠楠
责任编辑：冯　英　于　宇
出版发行：中译出版社
地　　址：北京市西城区新街口外大街 28 号 102 号楼 4 层
电　　话：（010）68359827；68359303（发行部）；
　　　　　68005858；68002494（编辑部）
邮　　编：100088
电子邮箱：book @ ctph. com. cn
网　　址：http: //www. ctph. com. cn

印　　刷：北京顶佳世纪印刷有限公司
经　　销：新华书店
规　　格：880mm × 1230mm　1/32
印　　张：10.5
字　　数：191 千字
版　　次：2022 年 1 月第 1 版
印　　次：2022 年 1 月第 1 次印刷

ISBN 978-7-5001-6777-8　　　　定价：58.00 元

中　译　出　版　社

自　序

我在 2019 年写了这本书，其英文版最初由麻省理工学院出版社于 2020 年 3 月正式出版。从那时起，世界陷入巨变。在这篇中文译本的自序当中，我想简要强调两个重要发展趋势，请读者在阅读本书时能谨记于心。

首先，新冠肺炎疫情全球大流行已经使我们生活的方方面面都发生了诸多重大变化，其中就包括使用智能技术来完成日常任务，例如居家办公以及公共卫生管理大规模举措，等等。然而，读者会发现，我在本书中所讨论的大多数智能技术及其发展趋势，例如第四章和第六章中所说，并未引发现状的变革，而是在过去几年中被不断拓展与强化了。

这让我想起了政界的一句老话，那就是“永远不要浪费一场好的危机”。从这一点来看，新冠肺炎疫情确实进一步使得权力与财富从普罗大众一端大规模转移到了少数科技公司及亿万富翁高管的手中。我在本书中详细讨论过的许多公司，包括亚马逊和“真知晶球”公司等都从这次全球新冠肺炎疫情所造成的社会混乱中获益匪浅。当前危机的最大赢家依然还是十多年来一直在激进消耗世界的技术精英和金融精英，这可并非偶然。全球不平等的加剧应该被视为数字平台主导地位提升至历史新高度的直接后果，而数字平台的所有者也在这一过程中实现了利润的积累和权力的巩固。通过将悲剧转化为机遇，这些数字平台成为通过残酷无情的企业战略以及狂热追求增长获得成功的最好例证。

其次，中国的技术创新和监管发展迅猛，值得读者关注。尽管本书的内容主要聚焦美国，但是我也试图拓展研究视野，关注全球议题。当然，书中讨论的议题本身也是国际化、规模化的，理应立足全球化视野加以关注。

举例来说，这些数字平台公司的员工——无论是被雇用的临时工还是构建平台的技术员工，其境遇将会如我在书中描述的诸多方面一样变得更糟。此外，国家正在加大监控基础设施的扩张力度，例如建设智能城市，用以监测和控制社会中所发生的一切。正如我在书中有关城市警务的讨论中所剖析的那样，智能城市的软硬件结合将使得城市被双重捕获，这样一来，城市就时刻处于可被记录、分析、搜索的状态中了。总之，仅监管一部分技术和权力的滥用，同时却允许其他不平等和压迫、榨取及剥削的模式蓬勃发展是远远不够的。

世界正在经历巨变。这些重大变化与我在本书中的讨论与结论并无矛盾。恰恰相反，这些变化完全印证了我的观点，即当今美国的技术政治体系主要由数字资本主义收集和控制的双重要务所驱动，而这个体系主要代表着精英阶层的利益。我恳请各位读者在阅读本书时，不要将它仅当作可能已过时的智能技术列表，而应将其视为针对数字资本主义政治经济的批判性、结构性分析来研读。尽管数字资本主义的技术工具和条件可能会发生变化，但其底层运作及其影响却是万变不离其宗的。我们不可能耐心等待下一场危机，指望资本主义会走向自我毁灭。正如我在最后一章中所阐述的，我们必须通过创新民主化、解构资本与推动数据监管等集体行动来积极干预这一技术政治体系。理解、对抗和挑战这一技术政治体系比以往任何时候都要更加紧迫。

贾森·萨多夫斯基

澳大利亚墨尔本

2021 年 8 月

译者序

2017 年毕业季，美国麻省理工学院邀请了苹果公司 CEO 蒂姆 · 库克作为毕业典礼嘉宾发表主题演讲。库克在演讲中谈到，“为人类做点事情”对他而言就是最重要的事情，而如果我们想要解决一些世界上最棘手的问题——从癌症到气候变化，再到教育不平等——技术并非终极之道，有时技术本身也会成为问题。接着，他抛出了一个非常犀利的问题：科技可以实现伟大的愿景，但科技如果不愿做这些伟大的事业，那我们该怎么办？随后库克给出了他的答案。他说，他并不担心人工智能会像人一样思考，反而更担心人会像机器一样，失去价值观、同情心与敬畏之心。他说，科学犹如在黑暗中探索，人性就是烛光，照亮我们走过的地方和前路的艰险。

这番有关科技与人性的主题分享所赢得的掌声，响彻基里安方庭，久久不散。这让当时就在毕业典礼现场的我振奋不已，从此也让我悄悄埋下了一颗心愿种子，希望可以通过自己的努力将世界名校科技与人文领域的前沿思想带回来。

本书其实就是这颗心愿种子萌发的结果之一。本书的英文版最早由麻省理工学院出版社正式出版并进行了重点推介。随后，《自然》《经济地理》等全球顶级学术期刊官网以及多家媒体都对其进行了书摘及书评报道。本书接连登上了多家国际出版机构评选出的“2020 年度最佳科技图书排行榜”。本书作者贾森·萨多夫斯基博士是一位学术成果颇丰的青年学者，目前在南半球首屈一指的学术重镇澳大利亚蒙纳士大学新兴技术研究实验室从事教学科研工作，其研究主要聚焦于新兴科技与人文交叉领域。同时，萨多夫斯基博士也是一位数字经济领域的权威学者，他的代表作《当数据成为资本：数据化、积累与提取》是权威学术期刊《大数据与社会》（*Big Data & Society*）近五年的最高被引论文，《互联网新房东：数字平台和食利资本主义的新机制》是权威学术期刊《对映体》（*Antipode*）近三年的最高被引论文。

事实上，国内不少科技媒体都曾援引过萨多夫斯基博士在平台经济、数字经济以及智能城市等领域的前沿观点，例如“数字资本主义和平台经济的核心就是‘提取即服务’”“数字平台本质上是数字资本主义新房东”，等等。但遗憾的是，国内至今尚未系统引介过他的学术成果。本书聚焦智能时代数字资本主义的新发展，全面起底并批判性反思了数字资本主义政治经济体系的运行机制及其深刻影响。所有对全球数字资本主义、数字经济、平台经济发展以及新媒体与数字人文领域感兴趣的关注者和研究者都可一读。

从学术研究的脉络来看，数字资本主义并非新概念。美国传播政治经济学者丹·席勒早在1999年就在《数字资本主义》一书中首次旗帜鲜明地批判了数字技术革命背后的资本主义逻辑。他运用一系列产业实证分析论证了信息网络正在以前所未有的方式与规模渗透到资本主义经济文化的各个领域，成为资本主义发展不可缺少的工具与动力，带动政治经济向数字资本主义转变。他在书中揭示了数字化和资本主义发展之间的内在联系，将传播与信息作为承载不断演变的资本主义政治经济结构的新的支撑点，同时指出“信息经济范式”混淆了信息作为一种有用资源和作为一种由雇佣劳动生产并用于市场交换的商品的基本概念的区别。

只不过回到21世纪初，彼时数字资本还未真正形成数字资本主义，知识、信息和数据仅是作为资本要素出现的，本身并未占据支配性地位，也没有成为资本的能力。全球数字经济在过去20余年间狂飙突进，智能手机和移动互联网快速普及，大数据、人工智能等新一代信息技术高速迭代演进，平台组织的政治经济地位甚至超越了部分主权国家。数字经济发展已从量变走向质变，数字形式开始在经济社会中占据支配地位，发展数字经济带来的巨大优越性和各种社会问题都已充分暴露，全球对数字资本主义及相关领域高度关注，数字技术改变生产和消费关系、数字技术平台上资本对劳动的剥削、数字资本主义结构性霸权、数字技术与人的异化等领域随之成为研究重点。

近20年是人类理性飞速发展的20年，“科学主义”大行其道，科技让人类自以为无所不能。然而，新冠肺炎疫情在全球肆虐，让所有人无所适从，人们猛然意识到，科学本身的局限性以及人类理性僭越的严重后果。而本书恰恰就是在人类加速驶向智能社会过程中对于智能技术与人性复杂关系的深刻反思。萨多夫斯基博士在书中并未高唱智能化赞歌，而是选择站到了敲响智能化警钟这个“不讨喜”的位置。他在书中论证了三大观点：首先，智能技术实际促进了企业技术官僚[①]的利益，使其凌驾于人类自治、社会公共利益和民主权利等价值维度之上；其次，智能技术是由数字资本主义双重要务所驱动的——从潜在的所有人和所有物中提取数据，并以此拓展对所有人和所有物的控制；最后，智能技术的影响就像一场换取便利与连接的浮士德式交易，人们对自己所要付出什么代价、面临什么后果可能并不清楚。

当数据成为资本，数字资本主义提取与控制的双重要务必

① “技术官僚”即专业技术人员出身的任行政职务的高级官员。这一概念起源于德国社会学家马克斯·韦伯对“科层制”现象的分析。——译者注

将驱使智能技术渗透并殖民每个可能渗透的空间和对象，智能自我、智能家居与智能城市都是如此，而我们每个人都无法置身事外。智能化带来便利与商业利益的同时，还有大量隐秘后果及负面能量正在暗暗累加：智能自我不仅事关自律与自我量化，其核心影响在于他人拥有处置有关自我的数据的权力；智能家居让家庭空间不再私密，家庭空间沦为了数据生产工厂和智能厂商的利润增长点；智能城市促进了监视基础设施建设，警察部门拥有了前所未有的社会控制权力，而城市或将沦为战争机器，这将彻底改变社会的本质。

为了阻止事态继续朝着令人痛心的反乌托邦方向发展，在本书的第七章中，萨多夫斯基博士大声疾呼：制订实施创新民主化“卢卡斯计划 2.0”的时机已经成熟，而这一计划应该围绕数字资本主义的命脉——数据来展开，应该纳入更多参与性的草根力量，应该更具包容性、公平性并且能够平等赋能每一个人。在他看来，个人数据目前已经成为许多经济生产和社会权力系统的基础，如果人们在如何、为何、为谁使用数据方面继续缺乏发言权无疑是愚蠢而危险的。基于此，他主张通过去商品化和集体化来推进数据治理民主化。简言之，数据应该归属于民，为民所用，由民而治。

客观来看，在新冠肺炎疫情全球大考背景之下，世界面临百年未有之大变局，美国霸权衰落及其政治经济体制局限性凸显，在美国当前体制下呼吁通过数据去商品化和集体化来实现“智能为民”，其中的阻力与难度自然不言而喻。而同在发展数字经济这一赛道上，中国正在大胆探索属于自己的特色道路，积极实施“智能为民”的中国方案。目前，中国互联网经历了20年波澜壮阔的发展，网民已超过10亿人，2020年数字经济体量已达39.2万亿元，位居世界第二，阿里、腾讯、百度、京东、字节跳动等企业走上世界舞台。与此同时，反垄断和防止资本无序扩张等举措不断强化，数字经济监管体系日臻完善。这些都是中国社会主义数字经济发展所取得的重要成就。而究其本质差异，社会主义数字经济并非以资本为中心，而是真正以人民为中心，是由全体人民共建、共享、共治的数字经济。其根本目标是用更现代化的数字治理能力，高质量的数字经济发展，不断满足全体人民日益增长的美好生活需要，促进人的自由全面发展。

将欧美数字资本主义发展与中国社会主义数字经济发展结合起来看，读者的收获无疑会更大。当然，我们同时也要承认现阶段国内学术界对于数字资本主义前沿领域的关注和研究仍是非常有限的。从成果数量来看，知网平台上近20年来发表的数字资本主义主题论文总计不足百篇，成果主要集中在2017年以后；从研究主题来看，国内研究主要围绕政治经济学批判、数字劳动与异化、数字鸿沟与一般数据、文化融合与生命政治以及中国实践等展开，研究主题亟待拓展和深化。萨多夫斯基博士的这本书，对于深入了解欧美国家数字资本主义发展最新动向与底层运作机制，开展数字资本主义政治经济学批判研究与结构性分析具有积极的意义与重要的参考价值。

在译者序的最后，我想专门对积极促成本书出版的几位师长致以由衷的谢意。首先，我要感谢麻省理工学院比较媒体系和全球文化研究系王瑾教授，她是我在麻省理工学院任访问教授时的合作导师与学术引路人，也是这一学术之缘的起点。其次，感谢中国新闻出版研究院李大伟与中译出版社社长、总编辑乔卫兵，没有他们无条件信任与支持，我想引进世界名校科技与人文领域前沿思想的心愿根本无法实现。再次，感谢中译出版社财经中心于宇以及各位编辑，本书能顺利出版离不开他们的诚挚帮助。最后，我也想感谢所有读者，前沿领域学术著作翻译工作实属不易，我虽尽心尽力，但因水平有限，难免疏漏，敬请各位包涵并不吝赐教。

中国传媒大学“媒体融合与传播”

国家重点实验室新媒体研究院

徐琦

2021 年 8 月

2021：智能的奥德赛

直到昨天，这个世界都还是愚笨的。万物什么都不说，什么都不听，什么都不看，什么都不知道，什么也不做。只有人是智能的，生机勃勃的；物却是消极的，互不相关的。然而，突然之间，万物仿佛被闪电击中一般，使弗兰肯斯坦的怪物蠢蠢欲动，觉醒在即。世间万物都被数字信息和计算所激活。通过传感器，万物可被观察；通过网络，万物可以通信；通过算法和自动化，万物可以行动。现在，即使是最为寻常的物件也比过去最为复杂的机器更加活跃而且有意识。世界是愚笨的，但现在它是智能的。

目　录

第三部分 智能为民

余 论

引　言
如何看待技术

你说话的口气就好像是上帝造出了机器。我相信当你不开心时一定会向上帝祈祷。可别忘了，是人类造出了机器。机器能做不少事，但它却不是万能的。

——［英］E.M.福斯特（E. M. Forster），《大机器停止》，1928年

如今，你用智能产品去换掉所有普通的物件非常简单。智能化正在成为新常态，你甚至不必去主动寻求它。如果智能化升级当前还未发生，只要你等待足够长的时间，它们必将进入你的家庭、你的工作场所和你的城市。

智能雨伞会亮起提示灯来提醒你有雨。智能汽车会为你分担高峰时段驾驶的劳顿。智能虚拟助手会服从你的每一个指令，了解你的喜好和习惯，并自动进行相应的调整。请随意想象一样东西——无论是梳子，还是城市——你肯定能找到至少一个对应的智能版本，很多时候你还能找到更多智能版本，并可从中随意挑选。事物为何要变得智能也许没有明确答案，但

这并未阻止智能化正在社会中普及开来。即使智能化不令人讨厌或毛骨悚然，它也常常显得愚蠢而多余。但现在没有任何事物、任何空间可以免受智能化的影响。

除了标榜“高科技”或“全新改进”之外，智能化究竟意味着什么？智能的标签现在总是被人随意乱用，但它的定义却不是清晰一致的。在这里，我们给出一个简明而适用于本书研究目的的界定：“智能”意味着一个物体被嵌入了用于数据收集、网络连接和增强控制的数字技术。以智能牙刷为例，它利用传感器来记录用户刷牙的时间、时长和效果。由于智能牙刷支持蓝牙连接并嵌入了应用软件，它会将刷牙数据发送到制造商或第三方的云服务器。然后，你和你的牙医都可以通过一个应用程序来访问相关数据。正如市面上某款智能牙刷所宣称的那样，这些嵌入智能牙刷的应用程序可为用户“提供实时的刷牙指导和性能监控”，并对用户的日常牙齿清洁情况进行评分。[1]根据你的牙科保险计划，牙齿清洁评分会直接影响到你每月所支付的保险费用。认真刷牙的人能获得折扣，同时不爱刷牙的人会得到惩罚。也许，一条很实诚的宣传语会这么写：“使用智能牙刷，我们知道你嘴里发生了什么！”

正如美国麻省理工学院媒体实验室一位企业家所说的，这些“被施了魔法的物品”将“响应我们的需求，了解我们，甚至学会代表我们前置思考”[2]。虽然智能科技的奇迹可能会让人们误以为自己拥有了施展数字咒语的魔法，但这本书却旨在消除任何误以为我们正住在魔法城堡中的幻想。笼罩在数字魔咒下的世界并非理想国，它更像是萨布丽娜的巫术世界，每一个咒语都要付出代价，意外的后果比比皆是。

这种将智能技术视为数字魔法的语言表达正呼应了英国科幻作家巨头阿瑟·C. 克拉克（Arthur C. Clarke）的名言："人们无法将任何足够先进的技术与魔法区分开来。"[3] 这其中的含义是，大多数缺乏专业知识的人就像巫师的学徒，他们并不了解技术的工作原理和流程，他们也不清楚技术的影响，他们更无法控制技术的力量。

智能技术所能提供的些许便利是以我们放弃追问"为何生活中充斥着接入互联网并收集数据的机器"等诸多重要问题作为交换条件的。为什么现在一切都变得智能了？幕后还发生了什么事情？谁真正从中受益？在丑闻偶尔爆出时，比如一家公司被抓到利用可疑方式追踪用户或其数据库遭到黑客攻击等，我们只是将批评的火力集中于单个特定问题，而这通常并不足以引发更为深入彻底的调查。随后，爆出丑闻的公司发出"我的过失"的公关声明，我们很快就会遗忘甚至习惯了这些数据入侵丑闻带来的冒犯，很快一切都会被原谅。接着，我们将按原计划继续购买、使用和升级，一切如常。

智能技术一直被当作势不可挡的下一代技术来兜售。也许你可以选择不去主动升级，但最终却会别无选择。智能曾经是高级选项，现如今却是和传感器、计算机和 Wi-Fi 连接等集成在一起的标配选项。这可不仅仅是我们所期待的新奇玩意儿的“功能蠕变”，人们往同一设备中塞入更多按钮和功能。智能技术迅速崛起不仅是消费者对于智能设备、智能家居、智能城市需求的结果。相反，正如这本书将要谈到的，在为何以及如何制造和选择智能技术等问题上，企业和政府利益比消费者决策所发挥的影响要大得多。

智能化可是一桩大生意。截至 2020 年末，仅智能城市（不含住宅、办公和消费品）的市场规模就曾被预测约为 1 万亿美元。全球增长咨询公司弗若斯特沙利文（Frost & Sullivan）对智能城市市场规模的预测较为乐观，预计其约为 1.56 万亿美元。即使采取较为保守的估计，这一市场规模也达到了约 5 000 亿美元的体量。[4] 另据全球领先的信息技术研究和顾问公司高德纳（Gartner）预测，全球物联网终端规模将继续保持指数级增长，2017 年全球物联网终端数量为 83 亿台，2020 年已增至 204 亿台。[5]

媒体对智能技术的报道往往局限在酷炫黑科技产品带来的兴奋感中，以及对于隐私和网络安全的隐约担忧之间。毫无疑问，智能技术非常棒，隐私问题也非常重要。但智能技术带来的影响太过重大和深远，媒体报道的老生常谈并不足以揭示这些深刻影响。

采取消极、肤浅的态度对待智能技术及其创造者是极其严重的错误。智能技术所形塑的不仅仅是种潮流趋势，它已经成为我们生活和社会中一种普遍而强大的存在。说到底，智能技术是一种急需批判性分析的技术范式。如果看不到这层意义，我们就过于疏忽大意了。

一、利益、要务与影响

这本书并不希望采用科技博客评论新奇产品利弊的方式，或以意见领袖给出建议和预测的方式来关注科技。这本书更加关注技术及其影响背后的人、价值和组织。换句话说，这是一本关于政治、权力和利益的书，以及它们如何被技术所引导和改变。简而言之，我们称之为“技术政治”。

我们一定要明白，在技术从设计到使用的过程中，每一个阶段都充满了政治，甚至源于政治。这本书可能会被人解读为对技术政治化的呼吁，但技术政治化意味着技术不再受政治的关切和影响，这是不对的。相反，这本书呼吁人们承认政治一直以来都是技术的构成部分，未来也将继续如此。我们应该从利益、要务和影响三方面来分析新兴智能社会中的技术政治。

简而言之，这本书论证了三个广泛存在的技术政治观点，以及它们在社会各处的不同存在方式和表现形态：

- 智能技术促进了企业技术官僚的利益，并使其凌驾于人类自治、社会公共利益和民主权利等其他价值维度之上。
- 智能技术是由数字资本主义双重要务所驱动的：从潜在的所有人和所有物中提取数据，并以此拓展对所有人和所有物的控制。
- 智能技术的影响就像一场换取便利与连接的浮士德式交易①，在扎克伯格这类人看来，人们所要付出的代价是广泛的预期或非预期的、已知或未知的后果。[6]

二、谁的利益

技术是实现利益的一种方式。技术不是客观或中立的，而是嵌入了不同的价值观和意图。毕竟，技术是人们所做出的决定和行动的结果，然后被怀着不同动机和意图的人所利用。正如社会学家、历史学家和工程师经过数十年研究所得出的结论一样，没有任何一项技术的存在是不可避免的，所有技术都是

① 传说中浮士德将自己的灵魂与恶魔交换，以换取知识。“浮士德式交易”是指愿意牺牲任何东西来满足对知识或权力的无限渴望。——译者注

由社会过程所塑造的。[7]每项技术背后都有一系列人为的选择：应该解决什么问题，如何使用资源，为何使用这些技术，应该如何做出权衡……这些共同决定了技术发展的最终道路。即使有充分的理由做出决定，它们仍然基于特定动机、原则、价值观与目标等。

一旦我们开始提出以下这些问题，政治就会发挥作用：哪方的利益得到了代表？谁被考虑在内？谁赢了？还有这些问题的反面：哪方的利益被抹杀掉了？谁被排除在外？谁输了？有些人的利益会被考虑进来，同时有些人的声音却没有被听到，有些人会赢，而有些人会输，这就是政治的本质。这并非技术是否政治化的问题，这关乎政治究竟是什么。

著名的技术政治理论家兰登·温纳（Langdon Winner）主张“技术本身就是一种政治现象”，这不仅意味着技术需要立法来规范其生产、特征和用途。温纳认为，这意味着技术本身就类似于一种立法形式，因为“技术形式在很大程度上塑造了我们这个时代人类活动的基本模式和内容”。[8]无论是制定政策还是构建技术，这世上还有什么比有些人有权决定其他人如何生活更具政治性呢？

法律制度是一套规范体系，它界定人们在社会生活中可以进行的事务与不可进行的事务，界定人们拥有什么权利，以及人们计划生活在什么样的社会框架中。技术系统通过不同的方式来发挥同样的作用。它们都是一套关于什么被允许或什么被禁止的规则体系，是人们拥有或不拥有哪些权利的框架，是人们选择或反对生活在何种社会中的计划。技术就像立法，条款众多，作用不尽相同，其中有些很重要，但是作为一个系统，它们共同构成了社会的基础。

这一技术政治理论非常适合用来分析数字平台和算法，这些平台和算法参与了越来越多的社会互动和经济交易活动。在兰登·温纳之后，法律学者劳伦斯·莱西格（Lawrence Lessig）提出了“代码即法律”的著名观点。[9]但这种类比还远远不够。对此，传媒理论家温迪·楚（Wendy Chun）指出“计算机代码更胜于法律”，因为它会毫不动摇地遵守程序员的规则和指令。[10]即使是最专制的独裁者也无法像计算机执行代码那样严格和一致地执行法律制定的确切条文。

正如法律一样，技术也被精英群体所利用，以提升其社会地位与视野。[11]如果技术是一种立法形式，那么我们必须仔细审视那些立法者。他们不仅是制造出更好机器的工程师、测试全新设计的创新者，或敢于冒险的企业家，他们更是创造了形塑社会和治理人民的制度体系的技术官僚。[12]

在实证研究的支撑下，政治科学家们当前已经达成了共识：美国现在更像是一个寡头政治国家，而不是一个民主国家。[13]普通民众对法律会纳入哪些政策几乎没有任何影响力，而富裕精英阶层的偏好却几乎总能得到政策的支持。这种政治不平等的状况在许多国家都能看到，但我认为，政策制定中的寡头政治也反映了技术构建中的寡头政治。技术的设计和开发被少数人所主宰，而世界上其他人必须接受这些决定。

当公民被剥夺了影响政治进程的权利时，当他们被排除在有意义的投入和追索渠道之外时，我们理所当然地称这种政权为专制。民主是建立在立法透明和对立法产生影响的权利之上的。我们选举并游说立法者，我们要求他们负责，甚至以此威胁他们的立场。我们反对、抗议与已有价值观和原则背道而驰的决定。当然，这些过程也许并不完美，但至少我们认识到了法律作为一种社会力量的重要性所在，我们认识到理解、抗议和改变这种力量的必要性所在，我们批判和挑战政治制度。当这些权利受到压制时，我们理应义愤填膺。

既然如此，那么我们为什么愿意容忍这样一个事实：形塑社会和影响我们生活的技术政治体系主要是由少数精英群体如企业高管、工程师和投资人所创造的，而他们大多是白人，是男性，且极其富有。谁的利益被技术尤其是智能技术考虑在内或排除在外，是我们这个时代的一个关键问题。无论是在技术政治领域还是立法政治领域，当我们问出“谁在真正实施统治”这个问题时，当前的答案是“少数权贵人士”。

但重要的是，这种技术政治局面并不意味着什么惊天阴谋正在暗中发挥作用。寡头权力的存在并非新世界秩序的证据。这也不意味着工程师和高管们一定有恶意伤害他人的意图。这意味着，政治和技术的结构已然将绝大多数人排除在重要的参与方式之外了。正如温纳所解释的，"'有人企图伤害他人'的说法既不准确，也没有深刻洞察。"相反，人们必须认识到，支持特定社会利益的技术平台早已积累发展起来，因此有些人势必会比其他人得到更多的利益。[14]如果有什么不同的话，就是由于缺乏共谋和恶意，技术产生的带有偏见、不平等的后果将更加隐蔽。

三、何种要务

智能技术的设计、开发和使用以两大要务作为驱动：收集和控制。利益关乎谁和谁的声音被包括在内，而要务则关乎具备深刻影响和广泛覆盖的首要原则与目标。例如，逐利动机就是资本主义的第一要务，它推动企业实现利润最大化。同样地，我将在这本书中集中讨论的要务就是数字资本主义的核心部分。理解这些要务以及它们是如何通过智能技术表现出来的，将在很大程度上揭示出技术政治在社会中是如何运转的。

我现在不会花太多时间去解释收集和控制这两个要务，因为后面会有专门的章节来展开，但我将在此处对其进行概述。

收集这一要务是通过任何可能的方式从任何可能的来源提取所有的数据。它迫使企业和政府尽可能多、尽可能广地收集数据。正如我们预测企业以追求利润为导向一样，我们现在也应该预测企业会以追求数据为导向。这就是为何这么多智能技术都是用来收集数据的原因。对于许多行业来说，数据是一种新的资本形式，因此它们总是在寻找和开发新的方法来积累数据。

控制这一要务关乎创建监视、管理和操控世界和人的系统。控制的典型代表是不知疲倦的监控系统，它帮助企业和警察机构来管理人员，规范访问权限，并修正行为。这导致传感器无处不在，万物都被连接到互联网上，并依赖自动化技术来监控一切。智能技术旨在扩展和增强控制权力，无论是通过软件应用程序对物体进行远程控制，还是通过算法分析对人群进行社会控制。其中的关键问题不是控制本身，而是谁能控制谁。

收集和控制两大要务是高度相互依存的。数据收集需要依靠技术能力和社会权威来探测事物、人和地点。控制系统由数据所推动，从而可对同样的事物、人和地点施加更为精细、有效和即时的命令。智能技术是这两大要务的产物。本书将二者区分开来，例如我会用单独的章节去解析每一种要务，都只是为了分析其本质所在。这些区分不仅让我们更好地了解了智能技术是如何运行的，而且让我们更好地了解了为什么它会以这样的方式运行，以及这些要务是如何实现的。既然在现实生活中收集和控制是部分重叠的，那么我在后续章节中也会同时谈到二者，而我们将会在无数例子中看到这种依存关系。

我们很难低估这些要务对于智能技术设计和使用所产生的影响，它们表现在众多应用程序以及空间、规模等维度。其范围从吸尘器机器人秘密绘制用户家庭地图——这样它们的制造商就可以把这些“值钱的地图”卖给其他公司，到保险公司监控人们如何驾驶、锻炼和饮食——这样他们就可以奖励部分行为而惩罚其他行为。[15]将收集和控制当作要务并不是什么新鲜事儿。在资本主义社会中，这些要务从一开始就是资本主义的组成部分。关于资本主义的研究可以装满一整个图书馆，这些都是关于资本主义如何不断创新方法来获取利润以及对社会和自然、人和非人、精神和身体等一切事物行使权力的研究。

在此，我的目标是去揭示在数字资本主义和智能技术时代下上述双重要务是如何起作用的。然后，我们便可了解如何、为何以及为谁去设计智能技术，进而可以确定影响技术发展的趋势和主题。如果沿着这一道路前进，我们便可以对不久的将来做出明智的预测。

四、何种影响

智能技术已经风靡一时，它们正在社会空间和日常生活中几乎所有角落里扩散着，传播着，复制着，破坏着，迅猛发展着。技术和文化研究学者戴维·格鲁姆比亚（David Golumbia）和克里斯·吉利亚德（Chris Gilliard）曾在2018年初写过一篇文章，其中总结了许多“荒唐”的做法——科技公司入侵我们的个人生活，影响我们的行为，忽视我们的利益，贯彻他们的价值观——这些“荒唐”之举居然成了惯例。这只是一长串“荒唐”做法中的一部分示例：

市面上有些营利性服务会跟踪处方数据并出售这些数据。有人建议使用应用程序来“监视”社交媒体用户的自杀意图。按摩振动器制造商记录了用户的性生活数据，但却从未披露自己正在这么干。DNA的数据收集已经发展成熟，并且很可能已经被滥用了。一款帮助女性追踪例假期间身心状态的应用程序会将这些数据出售给集成商……追踪智能手机运动情况的陀螺仪可能会被用于语音识别。三星电视被发现正在偷听观众的日常对话。一名优步高管在一次聚会上透露，优步平台的“上帝视角”包含了大量驾驶员和乘客信息，而这也是优步为何能掌握乘客发生一夜情的原因。一所学校使用分发的笔记本计算机中的摄像头来监视学生。[16]

即使这些技术都被贴上了智能的标签，但人们通常会将不同类型的智能技术视为彼此隔绝的。人们很少会把自己佩戴的智能手表、所居住的智能家居以及智能城市放在一起看。这些连接并未被当作统一系统的不同组成部分，而是被切断了联系，就好像在不同地方运行的智能技术之间毫无关系一样。可具有讽刺意味的是，许多像思科（Cisco）和谷歌（Google）这样的大型科技公司所提出的明确愿景就是将世间万物和所有人都接入一个单一的巨型网络（一个“集成系统的系统”），当然这个巨型网络是由它们自己所构建和控制的。国际商业机器公司（IBM）将旗下某项目命名为“更加智慧的星球”，他们大胆宣称“这不仅仅是发布一项新战略，而是要确立一种新的世界观”，其雄心壮志表露无遗。[17]

但我很反对这种脱节的分析，我认为这其中存在共同的利益和要务，而这会影响到不同类型、不同规模、不同空间中智能技术的设计和使用。换句话说，我们不应将这些技术视为离散且不相关的，而应将它们视为强大的、新兴的数字资本主义技术政治体制的一部分。只有这样，我们才能真正理解它对社会所产生的影响。

本书将重点介绍数字资本主义技术政治体制构建涉及的三个特定空间：智能自我、智能家居和智能城市。近些年来，发展迅猛、范围广泛、规模庞大的智能化浪潮扑面而来，这些空间都遭受了巨大的智能化冲击。智能社会的构建已经全面铺开。

通过揭示智能技术背后的技术政治，我们将看到超出智能技术侵犯隐私和网络安全漏洞等议题之外的深远影响。智能技术是精巧的工具，可以放大公司和政府在我们的生活中所发挥的力量，它们是用来深刻形塑社会的变革性技术。事实上，这些深远影响已经引发了越来越多的硅谷高管、企业家和工程师的认真反省，而正是他们创建了我们现在必须与之抗争的智能系统。

2017 年，脸书负责用户增长工作的前副总裁查马斯·帕里哈皮蒂亚（Chamath Palihapitiya）在一次公开演讲中感叹道："人们并没意识到自己的行为正在被编程。也许这并非你本意，但现在必须决定你愿意放弃多少。"[18] 尽管硅谷高管们可能会不好意思说出是"我的错"，但科技公司的觉悟提升大多来自底层员工对于这样一个事实的思考："如果你在一家对世界都有巨大影响力的公司工作，你是有义务去思考自己拥有多大的权力，以及要用这些权力去做什么的。"正如一位谷歌前员工告诉记者克莱夫·汤普森（Clive Thompson）的那样。[19]

五、技术并无欲求，但人有

人们很容易将技术视为一种拥有欲求、目的和意图的超人类力量，就像我们看待“市场”和“全球化”这种事物一样。这是技术决定论的观点，典型代表就是“信息需要自由”等常见口号，而人们所持有的许多关于技术的普遍信念都是决定论的。本章主题是关于应该如何看待技术政治的，因此首先要把握当前人们对于技术的主流看法，虽然这些看法可能是极具误导性与诱惑力的错误观点。例如以下三种看法。[20]

第一种看法：技术与社会分离，技术不受我们的控制。它是一种独立的主体或自然的力量，能自行发挥作用，有自己的欲求、计划和目标。技术是一头无法驯服的野兽，因此任何管理和引导技术的尝试都必然适得其反。所以我们应该让生活去适应创新，而不是抵制创新。

第二种看法：技术以线性方式发展。技术进步遵循理性的、直线的顺序发生，从石器到硅芯片，再到其他技术都是如此，而人是创新精神的载体。如果不同技术之间存在竞争，那么胜者为王，因为客观上来看，适者生存，胜出者就是最好的选择。

第三种看法：纵观历史和当下，技术几乎总是赋权人类解放的力量。科技带来了更多自由、更多财富和更好的生活，它是人类福祉的根源，也是解决所有问题的办法。创新之路通向进步和繁荣，而我们除了前进别无选择。

上述看法影响广泛，且流传甚广。每当有人声称技术只是一种中立的工具，或任何对于技术的批评都被认为是原始的卢德主义而被驳回时，这些言论就会冒出来。科技决定论的观点在未来学家和“思想领袖”的畅销书以及TED演讲中非常盛行。这些信念和《星际迷航》中博格人的口头禅一样：“抵抗是徒劳的。”[21]

技术决定论的说辞极端普遍，甚至已成为老生常谈，但这丝毫不会减损它的影响力。让人们相信现在只能以一种方式存在，未来只能以一种方式展开，这是一种强有力的策略。当然，这种“唯一方式”只是一种恰好符合大公司和风险资本家等技术政治寡头的价值观和愿景的说辞而已。技术决定论很容易转变成自我实现的预言①。它一方面消除了技术进步中人所发挥的能动性因素的影响，同时还对人们发出警告：你们最好不要挡住技术前进的道路，赶快加入进来，否则就会被不可阻挡的前进步伐撞倒。坚定不移的技术决定论版本甚至坚持认为，技术变革及其引发的社会变革必须以一种特定的方式发生。未来主

① 自我实现预言由罗伯特·默顿提出，即使自己的预期成真的预言。许多研究已经发现图式越强大、越发达，我们越会把更多的注意力放在与这些图式相符的信息和特征上。同时，我们的心智会自动过滤那些与图式不一致的特征和信息，通过把更多注意力放在符合既定图式的信息上，图式的正确性也得到了确认（尽管我们不得不过滤很多不支持图式的信息来达到这种确认）。——译者注

义者的水晶球预示了这种命运，人们没有其他选择。

技术决定论不仅是一种错误的看待技术的思维方式，更是一种非常危险的思维方式，因为看起来它只是将技术与人文和社会维度从表面上割裂开来。这意味着某些人可以继续开发那些反映他们的价值观却影响其他人生活的技术。由于被技术决定论的表象所掩盖，这些技术背后的少数人不再面临追责的威胁。毕竟，如果技术自然产生了，那就没人应该受到责难了。更好的是，如果这个过程是以自然的、神圣的、唯一的且最佳的方式产生，那么也没有人可以抱怨。

技术决定论只是在直觉层面上说得过去，因为科技和未来都像刚刚发生在我们身上的事情一样。绝大多数人都与新技术的设计和开发脱节。我们看不到每项技术中包含着的各种各样的决定、分歧和迂回。那些成功的设计似乎遵循着自然进化的规律，或者是从一个伟大创新者头脑中自主形成的。至少，这些都是营销团队、科技记者和传记作家不厌其烦地讲述的故事。正如梅根·奥吉布林（Meghan O’Gieblyn）曾写道的：“对于大多数消费者而言，只有当他们打开苹果应用商店的窗口，或者某项技术彻底走红之后才会开始了解新技术。消费者很容易将技术的进步想象成由神圣的逻辑所决定的。机器主动地进入我们的生活，就像上帝送来的神奇礼物一样。”[22]

将科技视为一股向善的力量，相信技术会引领我们走向更加美好的世界，这令人非常欣慰。技术决定论为复杂过程提供了简化的解释，但这种解读却掩盖了技术本质上也是人文的和社会的现象。技术是文化规范、政治选择和经济制度共同发挥作用的结果，而非技术的独立自主性选择。除此之外，技术的发展并不是一条平坦、笔直的道路。这条道路无比曲折，充满了岔路口、死胡同和坑洞陷阱。技术发展史上的败局更是数不胜数。[23]有些技术之所以能成功，可能是因为所需的很多标准和条件得到了满足。也许设计师在创造一项技术时，有充分的理由去选择一种价值（例如成本）而非其他（例如安全），但这并不意味着选择的主观性或可变性会因此减少。人们对于什么是“好”或“最好”总有不同的看法。开发或使用一项技术总有不同的方式。

往轻的方面说，技术决定论混淆了我们关于技术和社会的思考。而往坏的方面说，却是技术决定论滋生了被动性。如果我们要了解谁创造了智能技术，什么驱动了它的设计，以及它如何影响我们的生活，那么我们就必须先摆脱技术决定论的禁锢。我们必须主动去质疑，而非被动地接受智能技术的政治性。所有技术都是一种偶然性的创造物：它的出现可以以不同方式，秉承不同目的，实现不同目标，或者压根就不出现。然而，当我们缺乏对技术政治的批判性思维，转而接受技术决定论的解释时，我们就巩固了管理阶层、工程师和企业家的权威，而他们有权决定将创造什么样的技术。这一少数群体对自身所拥有的巨大财富和强大影响力已经非常满意了。

对于政治分析而言，一个有用的启发来自已故的托尼·本恩（Tony Benn），他曾长期担任英国国会议员。他提出了非常著名的“五个民主的小问题”，我们应该拿这些问题去问任何拥有权势的人或机构：你拥有什么权力？你从哪里获得了这些权力？你出于谁的利益在行使这些权力？你需要向谁负责？我们如何摆脱你的影响？[24]

上述问题构成了批判性政治分析的框架。我们应该将其应用在对构建起智能社会的个人、公司和政府的分析当中，尤其是考虑到他们所操控的技术政治力量对我们的生活和社会所产生的实际影响最终要远远大于许多政治人物。[25]以托尼·本恩提出的五个问题为指导，我们可以直面智能技术的政治性。

六、无处不在、无孔不入的智能技术

本书将带领读者一览当前社会中无处不在、无孔不入的智能技术。我会着重讨论智能技术对当下以及未来生活所产生的影响，当然这些影响可能只是冰山一角。我将剖析主导智能技术设计与使用背后的强大驱动因素。其中，我会侧重于智能技术的潜在危害、风险以及有失公正的方面，毕竟科技行业也无须媒体和政府继续为其高唱智能化赞歌了，但这种批判性框架并不是突显世界的美好，而只强调一部分令人担忧的事情。我甚至没有穷尽所有例子来证明智能技术如何以惊人的方式来影响每个人的。没有一本书可以穷尽一切，但我希望这是一本让人大开眼界、发人深省的指南，可以帮助人们了解快速崛起的智能社会。

接着，我会提供大量实例来说明智能技术和数字资本主义的发展趋势、主题及其影响。这些实例提供了一些便于读者理解的具体抓手和基础，否则只能通过抽象化观点来理解技术政治中的权力和利益了。毕竟，如果我们不去谈论真实的技术、真实的人以及真实的后果，人们也很难真正理解数字资本主义的现实性。与此同时，我也要提醒读者不要过度专注于收集逸事，重点在于这些例子背后的问题的意义与重要性。此外，本书将一系列技术和主题融合在一起，我个人对于技术政策、数字资本主义和智能技术等不同主题的关注也会贯穿于这本书的研究与写作。为了兼顾写作风格和可读性，我并没有明确指出哪些是基于我对相关领域的前期贡献，就像学术规范所要求的那样。但我所从事的广泛的学术研究工作，哪怕是那些被融入书中的背景资料，都成了这本书的写作基础。

本书其余部分将深入探讨智能技术的本质以及我们应该如何应对。

第一部分共分为三章，主要探讨智能技术产生的双重要务及其政治经济制度基础。这将为我们理解收集、控制与数字资本主义提供虽然抽象但却更加深刻的参考。

第一章解释了数据是如何成为当代资本主义的核心要素的。数据以迅猛之势从研究科学家和政治专家所关心的主要问题，变成了当前的一种资本形式。当数据转变成为资本时，智能系统和平台终将过剩，而这些系统和平台都是用来追踪每个人、每个地方和每样事物的，并将这些数据直接汇入平台公司。

第二章描述了社会是如何被控制系统所包围的，这些系统已经入侵了我们的日常生活。它们通过捕捉特定方面和特定行为的数据来观察和跟踪人们。它们使用各种标准对人进行评价、打分和排名。它们建立了检查站来管理访问和强制排除。通过分析控制机制在不同尺度下的运行方式，我们可以推断出以前被认为是独立运行的智能技术之间存在着紧密联系。这种状况看似无害，却危机重重。

第三章梳理了关于数字资本主义运行及其后果的十大观点。硅谷初创企业是革命性的，智能技术与以往任何事物都不一样，类似说法屡见不鲜。但是与此相反的是，数字时代的崛起通常是传统政治经济动能的更新。我们看到的不是历史的颠覆性突破，而是一种对已有社会结构和经济关系进行重新包装、复制和复兴的新方式。每一个观点都基于批判性视角，针对智能社会的发展发起了具有争议性的探讨。将这些主题综合起来看，我们可以为数字资本主义做出诊断。

第二部分也分三章，分别探讨了不同应用规模的智能技术。

第四章展示了智能技术是如何被用来衡量、监控、管理我们生活的方方面面并使之货币化的。智能自我的兴起不仅仅基于人们对自我追踪的选择，其最重要的后果在于他人能对我们的数据做些什么，以及他们如何利用这些数据去引导我们的行为，不管我们是否希望他们这样做。事实上，我们已经臣服于许多追踪、分析和管理自我的技术。环顾四周，类似的例子不胜枚举。

第五章转向智能家居领域，硅谷初创企业和传统制造商都在积极开发智能家居的新设备、新家电和新服务。传统冰箱只是让食物保持低温，而智能冰箱还可以记录你吃什么，多久吃一次，什么时候吃。在数字资本主义背景下，我们使用的电子设备不仅仅是商品，还是产生数据的一种手段。通过监控用户和设备之间的每一次互动和交流，智能设备得以收集我们的习惯和偏好等宝贵数据。对于商业机构而言，智能技术提供了一个进入私密家庭空间的窗口。

第六章将我们带到智能城市层面。城市目前已经成为智能技术的自然栖息地。在城市环境中，智能系统有足够的空间去发展壮大、延伸并发挥力量。这里有监控城市的传感器网络、分析城市运行的算法、管理城市的控制中心以及许多其他智能系统。这些系统被设计用来捕捉城市每一个部分（及其居民）的信息。这些系统为政府和科技公司提供了强大的支撑。对城市社会而言，智能技术已经从根本上改变了警察的工作方式，这也是本章的重点。由于使用了军事级别的监控和分析系统，警察部门现在更像是一个新的中央情报局——“城市情报局”。尚在不久前，这些智能城市系统还只存在于猜测性报道所渲染的希望和恐惧当中，但现在它们已经是我们所住街道的组成部分了。

本书第三部分，也就是第七章提供了一个分析框架，其中包括三种挑战数字资本主义的不同方式。重新定义和设计智能社会并非易事，但这是必要的。这里概述的三种方式告诉我们，如何着手创建一个不同的技术社会。首先，我们可以从抵制日常的数据提取和开发着手，然后去论证废止某些技术体系的主张；第二，我们从创新民主化的必要性分析入手，接着用实例来回顾分析历史上创新民主化是如何实施的；第三，我们从分析数据经济监管和保护免受数据驱动技术损害切入，提议将数据视为公共资产，并以公共利益为导向，对其进行管理。

第一部分
数字资本主义的驱动力

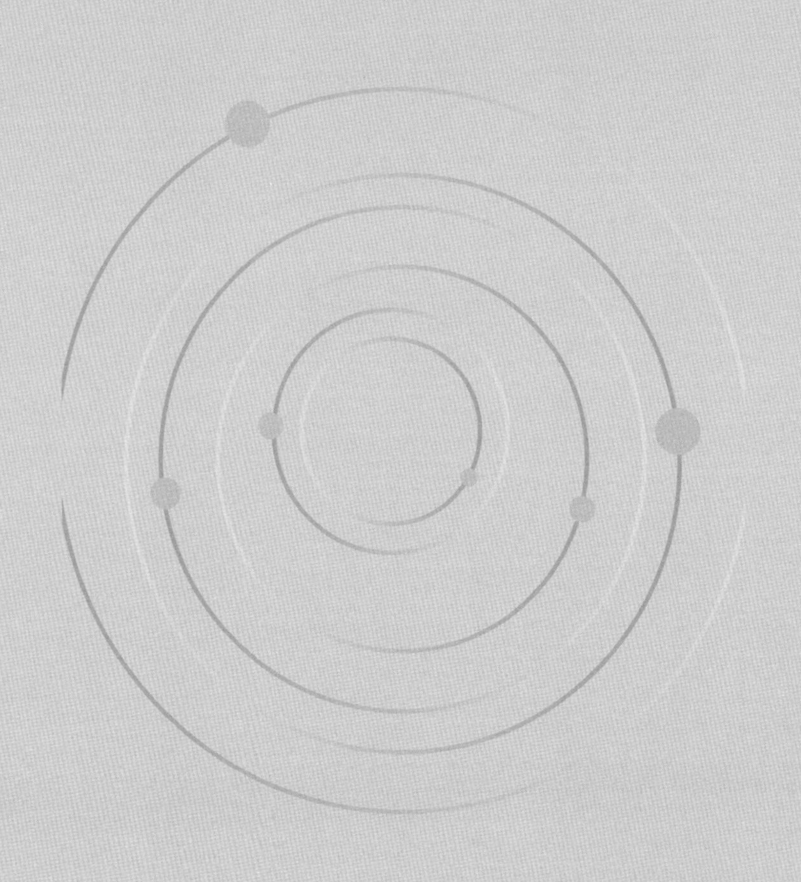

第一章　数据世界

在谁应该拥有数据并从中受益这个问题上，注定将会有许多争论。

——《数据正在催生新经济》，《经济学人》，2017年

越来越清晰的是，我们正生活在“亚马逊”时期。纵观历史，当生产和分配体系能对人们的生活和工作方式产生重大影响时，我们往往用这些体系的名称来命名一个时代。例如发端于一百年前的那段资本主义时代现在被称为“福特主义”时期，因为福特汽车的大规模生产和消费彻底改变了当时的经济和社会面貌。因此可以毫不夸张地说，我们当前所身处的历史阶段未来可能会被称为“亚马逊”时期。事实上，“亚马逊”将是这本书中反复出现的一个名词。这并非因为我从一开始就计划好了要去写它，而是因为在研究智能技术或当代资本主义的时候，“亚马逊”是一个避无可避的主题。

这家在线零售巨头是增长和颠覆的代名词。作为实体商店的挑战者，亚马逊被认为是摧毁书店，关闭小企业，甚至威胁

沃尔玛等零售巨头的罪魁祸首。颠覆者变成了被颠覆者。因此，当亚马逊在 2017 年 6 月宣布以 137 亿美元收购高端食品连锁店全食超市（Whole Foods）的时候，很多人都感到非常意外。通过这一笔交易，亚马逊目前在美国拥有了 460 多家实体店。

社会发展太快了，亚马逊发展史上这一收购事件已经快被人淡忘了，但这一事件却能充分说明数字资本主义的发展和数据的价值。

商业分析师急于指出，亚马逊这一收购将使其在食品杂货业务领域站稳脚跟，并进一步扩大其庞大的物流网络。当分析一家盈利公司如何通过拓展新行业来维持现金流时，所有这些分析都是有道理的。但这些标准化的商业评论并不能为我们提供完整的图景。我们必须要记住，亚马逊不仅仅是一家零售公司，它还是一家科技巨头，这意味着它有不同的优先级和动机。它用控制论的眼光来看待世界。

收购全食超市的“大奖”其实是数据。[1] 亚马逊对顾客的网上购物习惯已经了如指掌。这些网购数据对于亚马逊获得成功至关重要。基于网购数据，亚马逊可以进行精准推荐、购买预测和商品价格优化（有时一天调价多次），而所有这些都是为了让人们去花更多的钱。亚马逊是数字资本主义的典范，它是一个完全由数据驱动的企业。事实上，亚马逊的零售门店业务更像是副业，其主要盈利来自云计算子公司亚马逊 AWS 云计算服务（Amazon Web Services）公司。该公司主要面向企业和政府提供计算服务和数据库产品，其业务营收逐年增长，2017 年营收已达 174.6 亿美元。[2]

通过收购全食超市，亚马逊得以拥有一个实体店消费者行为的数据宝库。人们在线上和线下购物的方式并不相同，他们有着不同的习惯，会做出不同的选择。了解一个人在虚拟商店中的行为并不等同于了解他在实体商店中的行为。因此这些数据很有价值，这也是为什么零售店几十年以来一直在追踪购物者的原因。[3] 现在无处不在的“会员卡”就是为收集和分类客户数据而发明的，我相信你的钱包或背包里现在就有好几张。[4] 商家只需要提供一些小额购买折扣，就能刺激消费者去注册会员，并在每次结账时都出示自己的会员卡。

会员卡是一项别出心裁的小发明，它使得零售店能将不知名的顾客转化成可持续追踪的消费者资料库。零售店早就知道消费者买了什么，什么时候买的以及在哪里买的。但是现在他们对于谁在购买及其购物方式有了更多的了解。通过将购买行为与购买主体联系起来，零售店可以创建消费者个人资料档案，可以深入了解人们的喜好、习惯和特征。他们将这些偏好转变为模式，从而对精准广告营销及未来支出进行预测。

获得购物者数据储备是亚马逊收购全食超市的一个关键因

素。其目的不仅仅是追踪消费者以获得线上和线下的用户资料库，更在于通过连接这两个数据库来跨越线上和线下的数字鸿沟。

从亚马逊的角度来看，像全食超市这样的零售店之前并没有充分提取和利用好顾客信息。甚至在收购前，亚马逊就一直在测试如何将零售店转变为全面监控化、数据化、自动化的场所。在亚马逊智慧无人便利店（Amazon Go）里，你只需手机扫码进入，挑好货品拿上就可以走了。[5]你不用去柜台排队结账，账户扣费将自动完成。作为对这种便利的回报，亚马逊通过遍布商店的数百个小型摄像头来追踪你的位置和行为。这些摄像头都配备了分析软件，可以了解你在哪个货架浏览，停留了多久，取走了哪些货品或又放回了哪些货品。[6]

本质上看，这种想法的核心在于利用互联网的实时跟踪和分析功能，并将其应用到世界其他地方，从而将线下商店变成“实体网站”。[7]这种智能技术的早期版本早已存在。多年以来，像诺德斯特龙（Nordstrom）这样的连锁百货公司就一直利用智能手机发出的Wi-Fi信号来追踪消费者，而消费者对此并不知情或并未授权允许。[8]酒店和高端商店还使用面部识别技术来识别VIP顾客并为其提供特殊待遇，同时识别黑名单人员并将其拒之门外。[9]美国和中国的快餐连锁店开始使用面部识别终端来识别“忠诚”顾客并为其推荐菜单。顾客不用刷卡支付，他们简单“刷脸”就可结账。[10]但这一切只是开始，据《纽约时报》报道，“一场覆盖顶级零售商和小型科技初创企业的全球性商店自动化竞争正在展开。”[11]

亚马逊早已做好准备，并率先建立起更加智能的商店来监控每一个人、每一件货品以及每一个行为。智能商店是一台精干而吝啬的数据采集机器。以“计算机视觉、深度学习算法和传感器融合”作为加持，智能商店不仅能识别出名人的面孔，同样也能识别出每一个普通人并查阅他们的个人资料。[12]它比你更了解你自己。它永远不会遗忘，它分析一切并预测你的习惯。以此为基础，亚马逊可以将个性化店内广告直接发送到你的手机上。它可以更有效地实施助推，向你追加销售，并预测你什么时候会买哪些特定的商品。

将来，亚马逊甚至会主动给你快递它认为你需要的商品。毕竟，亚马逊现在就可以为注册用户提供常购商品的定期递送服务，你无须反复下单，牙膏和卫生纸等常购日用品就会定期自动送到家。有了更多的数据，智能商店就像智能家居和智能城市一样，不仅仅是自动化的，也有了代理权。这时营销口号也许能改成：“亚马逊之选：扔掉你的购物清单吧！我们已经知道你想要什么了！”

在数字资本主义背景下，将智能商店看作社会典型样板是多么恰当啊！智能商店基于与诸多“创新”内核相同的权衡：

为了获得更加方便的体验，我们必须允许亚马逊不断完善全面监控、行为修正和价值提取的工具来作为交换。

一、数据作为资本

亚马逊收购全食超市的交易只是数据收集在商业决策和技术设计中扮演重要角色的一个案例而已。类似以现金交换数据的交易案例比比皆是。例如，2015 年 IBM 斥资 20 亿美元收购了天气频道（Weather Channel）的母公司气象传媒集团（Weather Company），以获取大量数据和收集数据的基础设施。[13] 在这种情况下，有价值的数据不仅与大气条件有关，还与大多数人手机上安装的天气频道应用程序所收集的地理定位数据有关。大量跟踪人们地理位置信息的应用程序都在以令人震惊的精度来收集数据，每天数据收集频次高达成百上千次，而这些数据暴露了我们日常活动的详细信息。手电筒应用程序需要访问我们的位置信息吗？当地理位置数据撑起了 2018 年就高达 210 亿美元规模的定位广告市场时，手电筒应用程序就这么干了。[14]

类似案例为我们理解智能社会上了重要的一课：正如我们认为企业以利润为导向是合理的一样，我们现在应该可以预测企业是以数据为驱动的。也就是说，企业有着尽可能多地囤积数据的强烈动机。

人工智能专家吴恩达（Andrew Ng）曾先后在谷歌、百度和 Coursera① 出任过高管，他在 2017 年初的一次公开演讲中就明确指出了数据收集的重要意义："在大公司里，我们有时候推出产品并不是为了收入，而是为了获取数据。实际上我们经常这样做……我们可以通过不同的产品将数据货币化。"[15] 吴恩达的表述完全符合社会学家马里恩・弗卡德（Marion Fourcade）和基兰・希利（Kieran Healy）提出的一条通用规则："公司所收集的数据量可能远远超过当前的想象力或自身分析能力，但这根本不重要。假设前提是这些数据最终将是有用的，即有价值的，现代组织机构既在文化层面上受到了数据需求的驱动，同时又拥有强大的工具来操作这些数据工作。"[16]

公司对于数据有着永不满足的渴望源于这样一个事实，即数据现在是一种资本形式，就像货币和机器一样。[17] 数据本身既有价值，又能创造价值。它是生产新系统和新服务的核心。对于公司而言，从人、场所和流程中获取更多利润，同时对其行使更多权力是至关重要的。正如我发表在《大数据与社会》（*Big Data & Society*）期刊上的一篇文章中首次提出的，

① Coursera 是大型公开在线课程平台，由美国斯坦福大学两名计算机科学教授创办，旨在同世界顶尖大学合作，在线提供网络公开课程。Coursera 的首批合作院校包括斯坦福大学、密歇根大学、普林斯顿大学、宾夕法尼亚大学等美国名校。——译者注

作为资本的数据采集和数据流通是现代资本主义的一个核心特征。[18] 而满足这些数据需求一直是资本创造和使用技术的首要动机。

不久之前，公司还只是把数据删除或干脆不去收集数据，因为支付数据存储费用似乎并不划算。不过，现在各家公司都在叫嚣着要尽可能多、尽可能广地收集数据。他们永远不会嫌自己的数据库太大。对于与日俱增的要拥抱“数据经济”或“数字经济”的行业而言，因为存储成本高而删除数据就像嫌租用仓库太麻烦，而烧掉钞票或者把大桶原油倒进下水道一样不可理喻。

当前经济体中，每个行业似乎都将数据化转向作为主要业务在推进。即使是老牌资本主义代表性公司也认识到，必须效仿亚马逊。正如《经济学人》在一篇关于数据价值的封面文章中所指出的，“现在像通用电气和西门子这样的工业巨头也在把自己当作数据公司来宣传。”[19] 同样，在 2018 年 11 月，福特公司首席执行官宣布，其公司收入很快将依赖于对 1 亿福特汽车驾驶者数据的货币化与销售。[20] 现在，这些行业将我们个人生活和私人空间的详细数据视为“纯利润”的来源。实际上，他们只是响应了数字资本主义的号召而已。

从传统商业的立场来看，很多初创公司的发展令人费解，这些公司似乎除了烧钱和收集大量数据之外什么也不做，它们的收入很少，而且亏损巨大。更让人费解的是，这些公司往往被风险投资人给予巨额估值，并以巨额资金收购。一家负收益的公司怎么会被投资者估值数百万或数十亿美元呢？核心是数据。或者换句话来说，“数据就是商业模式”，亚马逊前高管约翰·罗斯曼（John Rossman）写道。[21]

数据以多种不同方式产生价值，在此先列出六种主要方式。[22]同时我还将在本书其他部分进一步探讨数据产生价值的不同途径。

1. 利用数据来分析和追踪定位人。数据资本主义中的许多商业模式和服务模式都是基于以下价值主张：更多地了解人们，然后以某种方式转化为更多利润。互联网公司通常通过个性化精准广告来赚取收入。零售商可以根据客户的特点来制定不同的价格。政治顾问通过分析数据来确定哪些对象会对哪些特定信息和影响方式更为敏感。

2. 利用数据来优化系统。数据可以使机器更加高效，员工更加高产，平台运转更加顺畅。通过消除浪费，花更少的钱，办更多的事，数据可以转化为巨大的节约。这可能意味着工业制造商在机械系统上安装传感器，或者管理顾问使用算法分析来评估地方政府应该如何运作其项目。

3. 利用数据来管理事务。这基本上可以归结为知识和权力之间的关系：它们彼此关联的同时，也相互依存。在这种情境当中，数据是一种数字的、形式的、可移动的、机器可读的知识形式。其中核心的思想是，通过收集有关事务的数据，就可以增强对该事务的控制能力。这可以很寻常，就像人们通过记录饮食和运动来管理自己的健康状况一样。这也可以很复杂，就像工程师通过监控城市交通来管理数百万人的出行一样。

4. 利用数据来建立概率模型。通过将覆盖一段时间、包含各种变量的足量数据投喂给正确的算法系统和数据分析师，许多高估值的公司承诺他们能预测未来。在现实中，这些“预测”只是概率而已，而人们却常将其当作预示未来的水晶球一样去笃信。数据驱动的预测领域远远超出了天气预报的范畴，例如“预测性警务”系统，会自动创建“犯罪高发人群”和“犯罪高发区域”名单，指出哪些人以及哪些地方的犯罪可能性更高。

5. 利用数据来制造产品。数字系统和服务通常是围绕数据来构建的：它们需要数据来进行操作，需要使用现有数据并收集新的数据。如果没有司机和乘客的实时数据，优步（Uber）这样的平台是不可能存在的。越来越多的设备变得“智能”的同时，也变成了以数据为驱动的、接入互联网的，目的是促进数据流通的终端。人工智能和机器学习领域的进步也是通过海量数据分析系统推动的。

6. 利用数据来实现资产增值。建筑物、基础设施、车辆和机械等都是逐步贬值的资产。随着时间的推移，这些资产在熵定律的作用下，或因为磨损折旧，都会逐渐贬值。然而，利用以数据为基础的智能技术来升级资产，有助于对抗正常的贬值周期。正如金融家斯图尔特·柯克（Stuart Kirk）所表述的，它们变得“更具有适应性和反应能力，从而延长了它们的使用寿命”。[23]通常来说，智能化资产可以实现保值增值。即使数据不能实现价值增长，至少也可以减缓贬值。

二、数据世界的主宰

数据收集不仅包括被动地去收集数据，还意味着要积极地创建数据。数据挖掘这个常用术语实际上是具有误导性的，更加恰当的表述应该是数据生产。数据并非像原油和原矿一样原本就存在于世界各地并等待着被人发掘。[24]数据与世界相关，是人们通过技术创造出来的。将数据冠以“新石油”之名，这种类比自然资源的表述显得数据是无处不在的，是可以免费获取的，而这种叙事框架进一步强化了数据提取的机制。

在一部宣传“智能数据”理念的视频中，欧洲最大的工业制造厂商西门子集团（Siemens）向我们展示了数字资本主义镜头下的世界：“我们正生活在一个数据规模和重要性都与日俱增的世界里。如何从中获取商业价值，这个问题变得至关重要。

我们需要认识到数据无处不在，数据每一天、每一秒都在生成。我们需要将数据理解为一种资产，并将其转化为价值。”[25]其他科技公司也表达了类似的世界观。全球科技公司 IBM 最近就宣称，“现在的一切都是由数据构成的。”[26]

当声称拥有数据并能将其变现的人都赚得盆满钵满时，数据正好被重新塑造成无所不在的资源，这可不是巧合。那些拥有数据的人身居高位，他们有权力支配世界。数据的流动与权力和利润的流动彼此对应，因此数据化的炼金术有望产生二者的无限储备。与此同时，关于数据普遍性的花言巧语又将一切都纳入了数字资本主义的范畴。其实，没有一个系统是真正全能而无所不包的，也没有一个系统能够将任何人、任何场所、任何过程都转化为不竭的价值源泉，但这并不能阻止数据资本力量去不断尝试。

尽管我们的大部分生活已经变得数字化和数据化了，但智能社会实际上仍处于早期阶段。数字资本主义的捍卫者们声称，数字资本主义发展的主要障碍之一在于许多公司还没充分认识到数据是他们唯一的最大资产。[27]在他们看来，这些公司还没有收集到足够的数据并将其资本化。这并非因为他们只收集了少量数据——够用就行，绝不多取，而仅仅是因为数据量总是可以再大一些。追求数据并非基于满足数据配额的标准，对数据的收集、囤积和利用是永无止境的。

收集数据建立在一个恶性反馈循环的基础上：智能技术不仅需要不间断的数据流来维持其运转，它本身还是制造数据世界的机器。通过掌握智能技术的强大力量，亚马逊、谷歌以及我们即将面对的其他公司都将致力于成为全新的“世界主宰”，而我所借用的这个词是汤姆·沃尔夫（Tom Wolfe）在 20 世纪 80 年代用来形容华尔街巨头的。[28]

第二章　控制狂

同时是物质性的和意识形态的……从舒适的旧等级统治向可怕的新网络的转变，我称之为“统治的信息学”。

——唐娜·哈拉维（Donna Haraway），《赛博格宣言》，1985年

就在不久之前，我居住的公寓大楼决定要在每个入口处安装机械门和电子门禁，以提高公寓的安全性。打开这些门需要使用一个里面装有芯片的塑料小方块门卡，它的工作原理类似于一个门卡（将门卡按压在门前的接收器上来开门）和车库门开启器（通过点击按钮开门）。新改装的电子门禁系统似乎毫无必要。我居住的公寓位于镇上治安良好的区域，紧挨着我任教的大学。如果有人想进来闲逛，想在阳光明媚的院子里坐一小会儿，或者顺道来拜访一个朋友，那就让他们进来吧。很多时候，我都觉得大门改装除了带来小小的不便之外也没什么：我在进家门之前多了刷卡这个步骤，我还不得不往钥匙扣上多挂一样东西。

但是我错了！新系统安装完毕以后，公寓并没有确保这些

安全门能一直正常工作。因此，几个星期以来，我的门卡只能在部分时间打开门，而我常常被锁在自家门外，困在人行道上，只能等到有人从里面把门打开我才能跟着进去。又或者，如果我足够胆大，也可以尝试翻爬水泥墙和金属门，这意味着我可能会受伤，或因非法闯入而被人拦下。由于门禁系统并不会影响公寓的管理人员，因此他们解决问题的速度非常慢。无奈之下，人们开始想办法卡住门不让它完全锁住。大门很重，而且是弹簧自动复位的，要卡住它可是件很费劲的事。而即使人们拿东西卡住了门，公寓雇员也会按指示去移开这些东西。

安全门禁系统很突兀，或者被它保护的人们并不想得到这些保护，这都无关紧要。但系统完整性必须得以维护，它的命令必须得到遵守。把所有人都锁在外面也比让可疑的坏人进来要强。哪怕是实施全面封锁也比局面失控要好。

在这段时间里，我和其他公寓住户被迫经历了哲学家吉尔·德勒兹（Gilles Deleuze）在《控制社会后记》中所描述的令人沮丧的情形，而这篇富有先见之明的文章早在1992年就发表了：

想象在一个城市里，有了可设置特定边界的（分体）电子卡，人们可以轻易离开自己的公寓、街道和邻居；但在某一天或特定时段内，这张卡也许很容易失效；重要的并不是边界设定，而是计算机在以合法或非法方式跟踪每个人的位置并实施普遍的调节控制。[1]

德勒兹最初写下上面这些文字时，听起来就像是赛博朋克科幻小说。而当我不得不面对一扇喜怒无常的门时，它确实不再是小说。

与控制产生的其他可能后果相比较，门禁故障只是相对有点烦人而已，但它说明了对于控制要务的追求正在入侵我们的日常生活，社会到处都是控制准入和强制排除的检查站。我对公寓安全门禁系统的体验并不仅仅是一个怪异的巧合——没被锁在门外时，我一直在写这本书——因为这些技术状况已经成为世界的常态了。尽管德勒兹的控制理论是在约 30 年前提出的，但它依然是理解智能技术运行及其影响的最佳方式之一。[2]

一、权力形态

在展开阐释德勒兹的控制理论之前，让我们首先回顾一下人类社会的权力发展简史来作为基础。在我展开探讨智能技术和数字资本主义机制的影响时，将这些不同形态的权力牢记在心是很有帮助的。毕竟，技术政治研究的就是技术的权力以及权力的技术。

当大多数人想到权力时，他们可能会想到武力。在这种形态中，权力是一种以惩罚相威胁而让人们听命的能力，无论是要求他们服从命令，遵守规则，还是改变他们的行为。这种权力之所以也被称为“王权”，是因为它是君主和领主对自己的臣民行使权力的方式。[3] 但是今天我们却只会将它看作是恐吓和武力。这是由权威和攻击支撑起来的权力。警察和父母都掌握着这种权力。照他们说的做，否则你就会有麻烦。在某些情况下，这意味着被禁足或被监禁。而在另外一些情况下，这意味着被打屁股或遭到枪击。在人类历史大部分时间里，这是社会行使权力的主要方式。毫无疑问，现在对于许多人来说，这些仍然是生活中共同的悲惨状况，但权力同时也以更加间接、更加分散，但仍然有影响力和暴力性的形式存在。

第二种权力形态是社会理论家米歇尔·福柯（Michel Foucault）所说的生命权力，我们可以用一个更简单的词来代替它：规训。[4] 权力通过向人们灌输特定的思维方式和行为方式来发挥作用。人们将这些信条、习惯和规范内化。人们被学校、工作场所和监狱等机构塑造成特定类型的人（或者“主体”）。在这种形态下，权力是决定何为好、何为正常的力量，权力决定了如何规训人，并建立起与之对应的规训制度与方法。福柯写道：“象征王权的死亡所发挥的传统力量现在被对身体和生活的精心管理与规划所取代了。”[5]

王权通过发号施令，威胁使用武力和实施惩罚得以行使。而规训则是通过倡导特定的生活方式，抵制“不正常”的生活方式，观察人们以确保他们行为得体来实施的。我们作为表现良好的被规训主体，头脑中总有一个声音告诉自己要按规则行事。我们监督自己和周围的人们，确保自己和他人都符合社会规范。如果有人越界了，我们会说他们闲话，把他们排挤在社会生活之外。如果行为严重的话，我们就采取老办法，把他们赶出社会，关进监狱或精神病院。

第三种权力形态是控制。控制不是用暴力威胁人们，或用规训塑造人们，控制通过设定参数和建立检查站来规范行为并发挥作用。在这些参数范围内，人们可以自由行动，只要他们同意随时被追踪即可。换个表达方式，规训厌恶人们太有个性。人们要向好学生、好员工、好公民等榜样去看齐，而不允许有任何偏差和异常。然而，正如监控研究学者帕特里克·奥伯恩（Patrick O’Byrne）和戴夫·霍姆斯（Dave Holmes）从性别和性的角度所阐释的，控制是基于不同的规则运作的：

德勒兹所描绘的控制社会允许无穷无尽的个性表达：男子汉、男同性恋、都市美型男、涂着口红的女同性恋、穿蓝色牛仔的女同性恋、女同性恋中的男性角色……然而，另一方面，每个人又必须让自己在任何时候都处于开放和暴露的状态。举个例子，你可以成为同性恋者，但你的性行为也会完全暴露于性病和艾滋病管理人员面前。在全新的社会体系中，每个人的一举一动都必须被了解、被跟踪、被分析。[6]

规训权力的象征就是全景监狱：在这种体系中，人们知道自己有可能随时随地都处于监视当中，但却永远无法确定自己究竟是否在被监视以及何时被监视，所以只能时刻迫使自己循规蹈矩。规训发挥着与偏执、内疚和羞耻同等的作用。

然而，控制权力的象征是计算机网络，它无形、持续、从不间断地记录着每一个动作，并拒绝任何与其代码不符的动作。控制系统并不仅仅基于监视的威胁。如果你与系统既定参数相冲突，它会一直监控、评判并限制你的自由。与全景监狱所不同的是，人们是否知道有这个系统并不重要。但事实上，从控制系统的角度来看，人们感觉不到它的运转或许更好。

接着让我们一起来试想如何阻止孩子们提前打开圣诞节礼物吧，这个家常的例子可以说明不同形态的权力是如何发挥作用的。

首先，在权威权力模式下，父母们可以先把礼物藏起来，然后告诉孩子们如果他们去翻找礼物会惹上麻烦。如果孩子们不愿服从，就会受到某种惩罚。而家长越是专制，他们给出的命令和惩罚措施就会越严厉。

第二，在规训权力模式下，父母将礼物放在圣诞树下看得见的地方。但由于父母不能总是看着礼物，所以他们会向孩子们灌输良好的行为举止规范，让孩子们相信架子上有个小精灵一直在看管礼物。父母告诉孩子们，小精灵一直在观察他们的行为并向圣诞老人报告。如果他们表现不好，那么圣诞老人会把他们放进调皮鬼名单里，还会带走他们的圣诞礼物。在不断监视的威胁下，孩子们只好监督自己的行为，表现得像个“好孩子”一样。

第三，在控制权力模式下，父母可以把礼物放在一个安装了摄像头、传感器、传动器和与 Wi-Fi 联网的智能盒子里。一旦这个盒子被激活，就会录下谁捡起了它、摇晃它等画面。任何试图打开盒子的行为都被认定为是在搞破坏，然后盒子会将警报和现场视频自动发送到父母的智能手机上，而孩子们获得礼物的唯一方法是在应用程序中输入打开盒子的正确密码。

二、控制的三个部分

在现实中，这三种权力形态并非截然分开，而是融合共存的。控制权力是与本书主题最为相关的，因此我们会在下文深入探讨控制是如何实施的，但我们也会在后文看到很多通过智能技术实施权威权力和规训权力的案例。尽管早在智能技术出现之前，德勒兹的理论体系就已经成形了，但他的理论对于我们理解这些智能系统如何运转并影响生活依然具有启发性。德勒兹认为，控制系统有三个关键组成部分：根茎、分体和密码。

- **根茎**

智能技术并不会让人绞尽脑汁。像亚马逊智能语音助手“亚历克莎”（Amazon Alexa）这样的常见应用背后其实有着极其复杂的系统，其中包含数据流、云服务器、算法分析、通信协议、用户界面、人力、稀土金属以及许多其他组件和层。[7]这些系统是数字的、虚拟的、信息化的系统，但同时也是材料、机械、生物和空间的系统。它们被嵌入手持设备中，但同时也弥散在庞大的网络中。我们很难勾画出这些系统的边界，也看不到它们相互联系的全部方式。我们与之互动的许多系统常常隐藏在人们的视野和意识之外。

我们在进行交互时会体验到其中的一些部分，比如在商店使用借记卡时，我们所体验到的支付界面只是整个支付系统的冰山一角。这种隐形性是设计使然。普适计算的先驱马克·维瑟（Mark Weiser）有句名言：“最深刻的技术是那些已经消失的技术。它们将自己融入日常生活的结构中，直到无法与之区分开来。”[8]换句话说，它们成了当代生活的基础设施。我们依赖它们，我们对它们司空见惯。我们往往不会注意到它们的存在，除非它们突然崩溃或拒绝了我们的访问。[9]如果我们想要积极地参与到智能技术的交互中去，那么就需要换种方式来思考它们作为系统的存在和运转。

德勒兹和他的合作者菲利克斯·加塔利（Félix Guattari）创造了“根茎”这一有趣的术语，将其用于这些隐藏的、泛在的系统并进行概念化。[10]他们借用了植物学的观点，植物学将根茎视为一种植物的形态：地下遍布着盘根错节的根系，它们从各个节点生发出根和芽，四处蔓延，钻出地面。表面上看，不同的枝条似乎是分离的，就像森林中的一棵棵树。但实际上，它们都是通过一个看不见的地下网络和界面连接在一起的。表面上看，这是多个独立个体，但实际上却是一个相互缠绕的整体系统。

植物根茎最让人震惊的例子来自一种学名叫作“颤杨”的植物（颤杨又名“潘多”即“Pando”，对应英语语义“I spread”，即“我延伸”），人们也称其为“颤抖的巨人”。犹他州这片巨大的颤杨林异常壮观，它看起来就像一片常见的森林，但实际上却是一个单一的生命体。据美国知名网络杂志 *Slate* 介绍，这片颤杨林中“每一棵树或每一个根茎的基因都是完全相同的，整个森林是由一个单一根系连接起来的”。[11]颤杨是世界上重量最大的生物，它的根茎超过 4 万个[①]。它也是世界上最古老的生物之一，目前已经 8 万多岁了。而颤杨之所以变得如此庞大，能存活如此之久，是因为它可以不断地自我复制和自我再生。

同样，我们看到，技术的根茎也在通过不断将所有东西连接到集成的、可扩展的智能系统中而迅猛生长。这种趋势也被称为物联网或万物互联。哈拉维 1985 年发表的《赛博格宣言》就预见了这样一个能包容世界的系统："没有物体、空间或身体本身是神圣的；如果构建出能以统一语言处理信号的标准与代码，任何组件都可以与其他组件连接起来。"[12] 今天，我们看到了实现这一愿景的各种尝试。在这个过程当中，竞争企业联盟为了万物互联、数据互通的技术协议和标准打得不可开交，而胜出者将获得塑造和主宰全球技术根茎的权力。

智能系统的根茎不断悄然生长，变得日益庞大、四处蔓延，同时复制着它们所代表的利益和要务。想要把庞大的根系连根拔起是非常困难的。你也许能够拔出一部分根须，但是更多根茎会从根系其他地方再长出来。根茎网络并没有明显的边界，也没有起点或终点。相反，它们延伸向四面八方。它们的行为也许是微妙的或赤裸裸的，也许是连续的或间断性的。根

① 颤杨是世界上最重的生物，它的根茎超过 4 万个，重量高达 6 000 吨。——译者注

茎的性质意味着它们产生的影响是分散的和不平等的：对于一些人而言，系统会引导和强化他们的权力；对于另外一些人而言，系统会监视和控制他们的生活。

- **分体**

新的监测方法可以不间断地收集数据，但它们都是以高度专门化的方式来实现的。举个例子来说，没有传感器是被设计用来采集和记录周遭一切数据的。实际上，每类传感器都是用来监控特定对象的：环境的温度、门被打开的次数、视觉区域中的面部物体或其他特定的事物。当以人们的属性和行为作为数据采集的目标时，智能技术就会被赋予提取特定要素并将其从周围环境中剥离出来的能力。这样一来，我们就变成了德勒兹所阐释的“分体”式的存在：能够被分割成任何数量的、分离的、可被监控的、可被审查的碎片式个体。

分体化的过程就好比我们自身——我们的身体、行为、身份、特征等被棱镜折射了一般。就像一束白光被分解成彩虹光谱，整体中的每一个部分都被分别展现出来。随着智能技术演变得日益先进与普及化，我们也将被分解成越来越多的数据流。透过以积累、分析和获取可执行的见解等为目的的棱镜，我们被分解了。

智能技术增强了一种能力，即通过一项属性、行动或类别来代表整个个体的能力。因而这就成了最重要的事。生物识别锁只和你的指纹有关，GPS 只跟踪你的地理空间坐标，健康腕带只记录你的生命体征数据。现在，我们可能有一千个身份，每个身份由一千台设备收集的一千个数据点来表示。正如社会学家凯文·哈格蒂（Kevin Haggerty）和理查德·埃里克森（Richard Ericson）所说的那样，“通过从环境设定中抽象出来的方式，人类身体被分解了，然后在不同情境设定下再将一系列数据流重新组装起来。结果产生了一个‘非肉身化’的身体，一个纯粹虚拟的‘数据化身’。”[13]分体化自我存在于数据库的虚拟空间中，如何提取和应用这些数据化身带来的影响就变得极端物质性了。正如我在下一章将要分析的，数据化的抽象本身就是一种暴力形态。

人们生活在智能社会里，这意味着我们总是在被分割，被进一步分体化。随着捕捉不同类型数据能力的不断提高，分析单元变得更小、更精确。管理分体比管理个体要容易得多，分体更适合被放入数据库和处理器中，系统由此才能切入正题，聚焦于它真正关心的对象——并非人，而是对来自人的数据的收集与流通。

- **密码**

当与各种控制系统进行交互时，我们会遇到很多检查站。它们决定着访问与限制、自由与约束。每个检查站都需要用德勒兹所说的“密码”才能通过。这些密码是分体化的产物，通过对分体的验证来准予整体的自由移动。它们就像钥匙一样，但并非对应特定门锁的实物钥匙。除解锁手机或登录电脑所需要的密码之外，其他常见密码还包括打开电子门所需的钥匙卡、购物所用的个人身份识别码或保障不被驱逐出境的个人签证等。

生活中充满了各种类似的检查站，而拥有正确的密码是应对控制社会的必要条件。“由于看不见的、泛在的、持续的用户行为监控机制无处不在，密码被用来获得或限制个体自由。”奥伯恩和霍姆斯写道。[14]简而言之，在根茎、分体和密码的共同作用下，控制得以实施。

当一切都能匹配得上，当一切都在顺畅、高效地运转时，我们没有理由停下来。在硅谷的流行语中，界面是无摩擦的。无论对错，这些控制系统的设计初衷就是尽可能不被用户注意到，直到用户发现自己的密码是无效的。而一旦屏幕出现拒绝访问、密码无效、交易被拒绝等提示时，它们的存在和权力就会凸显出来。无论是一个运行良好的控制系统，还是一个容易出现故障的控制系统，它们最终可能会导致相同的后果。人们不可能分得清楚该去责怪谁或去责怪什么。我做错什么了吗？系统出故障了吗？需要什么流程来解决这个问题？

随着智能技术对门、家庭和城市等实体控制的进一步增强，作为人际关系标志的对话却几乎派不上用场了。因为智能技术互动的内核是僵化的，是居高临下命令式的，而不是沟通。控制的结果并非来自“更好辩论产生的非胁迫性力量”，甚至并非来自劝诱和哄骗，而是单纯来自强制力。[15]这些控制系统将程序员权力的空间维度和时间维度都拓展了。系统中的检查站执行了他们的权威，同时也将他们从系统交互中移除掉了。你无法与算法争辩，也无法与数据争辩。你只能手握密码，希望系统运转正常。

三、命令与征服

简而言之，控制是通过各种各样、杂乱无章、错综连接、隐秘存在的系统来实施的。这些系统监控人们，将个体分解成可被实时记录、分析和评估的数据点，进而通过检查站与密码来控制个体的访问自由、行动自由等。

德勒兹的理论也许只是一个“自我防范”的预言，其本意在于为新形态的控制与操纵敲响警钟，当前却常常被用来说明智能技术的阴暗面。对一些人来说，他们热切希望智能社会的梦想能成真。然而，对其他人来说，智能社会更像是一场噩梦，它似乎将德勒兹对于“控制社会”的描绘当成了技术政治的构建蓝图。这些控制系统共存于同一个范围内，无论是那些令人赞叹或令人毛骨悚然的技术，还是那些令人深感不安的技术，它们都紧密联系在一起。[16]无害的技术周遭也许险象丛生。说到底，这些系统的不同之处在于它们究竟代表了哪一方的利益，驱动系统的要务是什么，带来的影响及其感知又如何。在数字资本主义的时代背景下，梦想和噩梦的分布是高度不均衡的，也是高度集中的。

第三章　数字资本主义的十大论题

更加智能的企业……将助力经济增长和社会进步。

——吉尼·罗曼提（Ginni Rometty），IBM董事长兼首席执行官，2013年

在转向探索智能家居、智能城市和其他领域的智能技术之前，我将在本章概述一系列研究数字资本主义运作方式及其影响的论题，这些都是基于对技术政治发展的批判性研究得出的结论。如果我们不改变研究路线，那么这一系列研究中的每一篇文章都是技术政治发展现状与未来的声明。综合起来看，它们将为数字资本主义整体发展做出研判。这些研究是建立在与日俱增的相关研究的基础上的，聚焦于数据驱动的监控、互联网平台以及资本主义之间的关系，同时这些研究成果也将为该研究领域做出贡献。[1]

我所说的数字资本主义，专指利用数字技术的资本主义。数字资本主义是一个宽泛的术语，创造这一术语意在合并一些流行用语，而不受其他概念的狭隘聚焦或特殊适用特征的

限制。以下是最有影响力的两项成果：尼克·斯尼塞克（Nick Srnicek）对“平台资本主义”展开了批判性分析，旨在阐释诸如脸书（Facebook）、优步等平台是如何出现，如何运转，以及如何主宰21世纪经济的。[2]同样的，肖莎娜·朱伯夫（Shoshana Zuboff）关于“监视资本主义”的畅销书深入探讨了谷歌等科技公司的商业模式和生存危机问题，这些公司痴迷于获取人们的行为数据并将其货币化。[3]

上述两部著作都提供了有用的分析和案例，但我的研究方法有所不同。与斯尼塞克不同，我关注的不仅仅是平台，我所检视的对象是更加广泛的，由数据驱动的、可联网的自动化系统背后的政治经济。不同于朱伯夫，我并不认为资本主义中监视主义的中心是她所说的“凶猛突变”，而是觉得这是资本主义更正常、更具社会公正的版本。[4]我们所面对的并非资本主义之外的技术政治体系，也不是资本主义的异常状态。从许多方面来看，它只是传统资本主义的变体，现在运行在新的硬件和软件之上。这就引出了第一个论点。

一、资本运作在适应数字时代的同时，仍然保持着排挤、榨取和剥削的基本特征[5]

智能技术及其设计者与使用者并非存在于真空当中。所有的技术都是环境的产物。它吸纳了当前占主导地位的文化价值观、社会结构、经济制度和政治制度的诸多特征，并进一步强化了这些特征。

最近几年，一批优秀书籍相继面世。借用贝尔·胡克斯（bell hooks）[①] 的说法，这些著作非常详细地探讨了智能技术和硅谷如何反映长期存在的帝国主义、能干主义、父权主义、异端规范主义、白人至上主义、资本主义政权等维度。[6] 这些书籍包括但不限于《黑暗同样重要》（2015 年）、《数字社会学》（2016 年）、《跨学科互联网》（2016 年）、《程序化不平等》（2017 年）、《压迫算法》（2018 年）和《自动化的不平等》（2018 年）等。[7]

书中所提及的不公正和伤害并不一定是被有意设计到技术当中并对世界产生影响的。如果只是这样的话，那么这个问题很容易被解决，我们只需要揪出恶意的工程师然后开除他们，或者我们也可以学习谷歌的倡导“不作恶”的公司信条，当然现在连“不作恶”底线的负担都过重了[②]。

---

① 贝尔·胡克斯（bell hooks）是美国作家、女权主义者和社会活动家葛劳瑞亚·晋·沃特金（Gloria Jean Watkins）的笔名。贝尔·胡克斯是她曾祖母的名字，她在写名字时通常不按常规将姓名首字母大写，目的之一是表明她与先辈女性的本质联系，之二是希望突出“书的内容，而不是谁写的书”。——译者注

② 自 2000 年以来，“不作恶”一直是谷歌公司行为准则的一部分。2015 年，当谷歌重组成立新的母公司 Alphabet 时，该口号被修改为“做正确的事”（do the right thing）。2018 年，“不作恶”准则已从“谷歌行为准则”中被悄悄删除。此举也引起了各方关注与巨大争议。——译者注

相反，它们往往是隐含的偏见、规范和假设的结果，这些偏见、规范和假设随后又被埋藏在层层代码之下。久而久之，意识不到不公平和排他性的文化又进一步助长了这些偏见、规范和假设，而人们也缺乏足够的动力去做出改变，因为从现状中受益的人正是那些决定创造什么技术和如何使用这些技术的人。正如科技史学家马尔·希克斯（Mar Hicks）在20世纪50年代研究英国早期大型计算机发展时所做出的精彩论断：

然而，为强大利益服务的计算，无论是服务于国家还是企业，往往倾向于灌输刻板印象和静态身份，从而使现有权力得以具化和永久化。这些系统的目的是规范信息并服务于特定目标。为了提高自身的效率和权力，这些系统必须将现实程式化，并将现实转化为一种以看似无摩擦、无偏见和公正的方式来运转的信息景观。但事实上，这种信息可被计算的过程依赖于观点和偏见的制度化，这些观点和偏见来自系统的构建者，并反过来服务于他们自身。[8]

因此，数字时代的兴起并不是对历史的颠覆性突破。这是一种对历史重新包装、复制与复兴的新方式。我们必须透过高科技的表象，看清隐藏其中的旧权力制度的阴谋诡计。[9]事物变化越多，同时也越保持不变。

二、智能技术是一种社会“地球化”的方式，服务于数字资本主义的繁荣发展

“地球化”是指改造一个行星的环境以便适合人类居住的想法。在后面的章节中，我们将看到智能技术是如何被用来改造工作、家庭和城市等主要场所的。然而，当前版本的“地球化”旨在为一种特定的人类生活模式创造条件，而这种模式是根据数字资本主义要务来设计的。在这个过程中，它也改变了人们的生活方式以及人们与环境的互动方式。

企业家总是乐于谈论创建“生态系统”，这包括互联网公司、平台、应用程序和设备等。分开来看，单个设备或单个平台都只是稳定环境中一个微不足道的补充。但是作为一个整体来看，智能技术集群会占据上风，破坏平衡并改变环境。

然而，我们从来没有听说过他们正在创建的是个什么样的生态系统。生态系统多种多样。它是一个基于合作和利益共享的互惠型生态系统吗？它是不同生物可以相互依存的共生型生态系统吗？或者，它是要吸干宿主的血，榨干宿主的能量的寄生型生态系统吗？又或者，它是捕食者与猎物之间的食物链型生态系统吗？最重要的是你在这个生态系统中处于什么位置，是艰难苟活还是会风生水起？

这个新的生态系统与自然生态系统极不相称。它就像一个

生物穹顶，其中每个方面都被网络持续记录和控制着。这不仅仅是人造环境和自然环境之间的鸿沟。[10]更加确切地说，这是一种转向构建微观管理围场的过渡，这些围场记录人们的行为并做出反应，同时据此来控制人们的行为。[11]这种差别就像是经典的霍尼韦尔温度调节器和Nest①智能恒温器之间的差别，前者能自动调节房间温度，而后者还会记录谁在家，他们待在哪里，他们的偏好是什么等，然后向保险、能源和安全等第三方行业机构来报告这些数据。[12]

当我们的工作场所、家庭和城市都变成了可编程的围场时，各种行为就会被调整到理想的平衡状态，这种状态非常有利于数字资本主义的疯长。请记住，专门销售大规模系统及其愿景的全球化公司IBM就将这一过程称为“构建一个更加智慧的星球”。[13]这听起来确实像“地球化”的另一种表述。

那些谋求创造更加智慧的星球的机构也将是全新生态系统的顶级掠食者，它们食物充足，生存环境安全可靠。同时，虽然有些人无法达到食物链顶端，但他们拥有资源和技能来适应

① Nest是由美国智能家居设备商Nest Lab推出的具有自我学习功能的智能温控装置，它可以通过记录用户的室内温度数据，智能识别用户习惯，并将室温调整到最舒适的状态。Nest于2011年在美国上市，2014年被谷歌以32亿美元收购。——译者注

数字资本主义智能星球上的气候变化。但是，还有大量的人要么被智能星球所排挤，要么被智能星球所困扰。他们必须学会在智能星球上生存下去，学会以某种方式证明自己的价值，否则就会被消耗掉。这个不是未来必然要发生的，也尚未完全成为现实，但却是我们目前飞奔所向的。

三、不接触太多智能技术，不使用它们，也不会被它们所利用，对这些技术的存在乐得无知，这是一种特权

人们通常将使用高科技产品视为社会特定阶层才能享有的特权：有闲钱的上流阶层，想要获取一切优势的年轻都市职场人士，或者是甘愿住帐篷排长队等待新品首发的科技极客。虽然从消费升级的角度来看，这似乎也没错，但若仔细想想，这些论调实际上都经不起推敲，尤其是当我们考虑的对象不仅仅是口袋里的手机时。所谓的雅皮士和极客们可能对许多尖端的智能技术应用一无所知。

当思考智能技术时，我们应该关注的不仅仅是健康腕带或虚拟助手；还有安装在汽车上的跟踪设备，如果有人付款逾期，汽车贷款公司可以远程关掉发动机；或者是手持扫描设备，这种设备让雇主得以支配员工的每分每秒；或者是评分算法，它让数据代理商能够决定谁租得到房子或找得到工作；又

或者是联网家用电器，它让保险公司能够优化保费和修正用户行为；还有监控系统，它使警察部门得以持续地、穿透性地凝视着整个城市。

最重要的是，除了思考技术本身，我们更应该去关注人，去关注哪些人的利益增加了，哪些人受到了来自技术的冲击。

智能技术的影响分布并不均衡，其中，劣势人群更能感受到智能技术的危害。有时，他们被智能技术所过度代表，就像有些人的生活被政府机构和金融机构放置于显微镜下审查，而特权群体不必仅为获得基本商品和服务而忍受如此苛刻的核查。在其他时候，部分人群在分析软件的数据集里是缺失的，或是被错误代表的，例如人工智能招聘工具会自动给予男性应聘者高于女性应聘者的评价。[14]而此类常见的程序化不平等的现象并非巧合。[15]

边缘人群被迫生活在一个平行现实世界当中，他们同时遭受了被特定系统纳入或排除带来的危害——他们无法使用一些设备而只好被迫使用其他设备，但却不一定能从中获得好处。与此同时，特权阶层基本上不会考虑这些现实的存在。对他们而言，这一切都是为了便利和联系，或者对于最高特权阶层而言，这一切都是为了权力和利益，而他们这么做几乎不需要承担任何实质性后果。

四、数据收集的常见做法应该被视为盗窃和 / 或剥削行为

在我们所身处的被监视的社会里，存在这么一个怪异且秘而不宣的事实：出于未知的目的，一些未知的实体正在收集我们的数据。世界上许多有价值的数据都是关于人的：我们的身份、信仰、行为和其他个人信息。这意味着数据收集通常与侦测、跟踪和分析人的系统紧密结合，这些系统的侵犯性与日俱增。[16] 满足数据提取的需求会强化现有数据收集操作，催生新的数据收集行为。

纵观资本主义的发展历史，数据获取遵循了开采业的做法，例如掠夺土地和资源开采，就很少考虑知情同意以及对数据来源方的公平补偿。[17]

知情同意的问题相对简单。硅谷企业几乎完全无视了用户的知情同意权，这在新闻报道、学术研究和国会调查中已经表露无遗了。如果企业要征求用户同意以记录、使用和 / 或出售他们的个人数据，这通常是以合同形式进行的。最常见的一种合同约定称为终端用户许可协议（EULA）。这些协议出现在网站和移动应用程序上的页面，让你在使用服务之前点击“同意”或“接受”。终端用户许可协议是数字技术的一个标志，根据法学教授埃雅尔·扎米尔（Eyal Zamir）的说法，“目前超

过 99% 的合同是通过这种形式来签订的。”[18] 随着世界变得更加智能，这些合同正被运用在小到猫砂盆，大到车辆买卖等所有交易当中。

终端用户许可协议被称为“范式合同”，因为它们通常适用于所有用户。它们是单方面的、未经磋商的、不可协商的。它们是冗长、密集的法律文件，被设计得完全不具可读性。你要么毫无疑问地同意，要么就会被拒绝访问。因此，政治经济学家基恩·伯奇（Kean Birch）认为，“很难将终端用户许可协议视为自由和自愿的安排，因为协议的一方无权实施他们的要求。”[19] 这些公司并没有征求用户的同意，用户只需服从就行。这远远达不到真正保护我们的选择权和自主权的自愿知情同意的标准。

补偿问题则更为复杂一些，很大程度上是因为我们很难对个人信息给出公平的定价。对于不同业务而言，不同类型的数据价值也不尽相同。并非所有数据都可以变现或者一定能被变现。随着数据收集规模不断增长，数据价值也呈现出非线性的提升。一个人的数据价值可能并不大，但成百上千或上百万人的汇总数据价值可能就极高。[20] 然而，我们可以通过以下问题来判断补偿的公平性：数据收集者可以为数据提供什么样的补偿（如果有的话）？与数据收集者获得的价值相比，这些补偿又处于什么水平？

补偿通常以免费服务的形式体现，例如允许用户免费使用脸书平台或者谷歌搜索引擎等。服务提供商并不收取服务使用费，而是以收集数据作为回报。即便我们承认的确有很多用户认为这是完全公平的补偿，但实际上，还有不计其数的公司是在用户完全不知情的情形下收集、使用和出售个人数据，更谈不上提供什么补偿了。[21]也就是说，很多数据收集机构连第一关都过不了，毕竟用户一无所获很难被认为是公平的。

那些提供服务来交换数据和注意力的公司确实为我们提供了一些方便上手的应用程序和平台服务，尽管它们同时也一直被大规模安全漏洞、干扰竞选等问题所缠身。它们从这些服务中获得的回报是什么？答案是通过在规模高达数十亿美元（或万亿）的数据经济中敛聚财富和权力来统治新的镀金时代。[22]这似乎是种极端不公平的交易，或者至少我们应该认真探讨一下其中的公平性问题，而不能默认这就是既定事实。

目前人们普遍认为大家不必再关心隐私，尤其是伴随着数字技术长大的千禧一代，他们愿意为了便利而放弃隐私。所谓的思想领袖指出这种态度的转变是为了证明特定商业模式的合理性，而这种商业模式的基础是将人们置于持续的、侵犯性的监视之下。然而，当你真正地去询问他们怎么想的时候，你会得到更加沉重的看法。

传媒学者马克·安德烈耶维奇（Mark Andrejevic）曾经开展过一项调查，他随机采访了 1 106 人以了解人们对于数据收集和隐私的看法。他通过研究发现，人们并非对隐私问题漠不关心，相反，人们经常表达出对数据收集的“无能为力”。正如一位调查参与者所说：“对我而言，丧失隐私的最大问题不在于其他人知道了我的信息，而在于我被迫或受诱使必须要分享自己的信息。”由于缺乏对于何时、如何或为何被收集数据以及可能产生的后果的了解，这种无力感会随之加剧。另一位受访者指出：“我们真的不知道收集到的关于我们的信息会流向何处，我们也不明白这些信息在复杂的环境中是如何相互作用的。”[23]

人们并非对于隐私和数据收集漠不关心。相反，他们被剥夺了对此采取任何措施的机会。面对无情的榨取，冷漠是一种防御机制。

一件物品未经同意就被人拿走，我们称之为偷窃。人们出售商品或付出劳动却得不到公平报酬，我们称之为剥削。从伦理和法律层面来看，即使我们谈论的是数字化个人信息，而不是实物或劳动，这应该也是适用的。

无论他们采取的方式多么高科技，他们的公众形象多么光鲜，处于数字资本主义核心地位的企业都是榨取性的。他们知道数据的价值，利用政治和法律制度来保护自己的财产权和利益，而不是我们的知情权和补偿权。我们应该去消灭社会盗窃行为，而不是去容忍另一种类型的盗窃行为。

五、数据化即暴力

首先我们来明确一些定义。数据是对某物或某人的数字抽象记录。数据化是将事物简化、转化为数据的过程。抽象是将事物从上下文情境中剥离出来，只关注其特定性质，从而简化事物的过程。所有抽象都只是对事物的表现或模拟，而不是事物本身。

可能与大家从网上听到的观点相反，无论是数据（即对象）还是数据化（即过程），都不能通过某种方式揭示世界的真实存在，让我们无中介地接触到真理。这些抽象更为强大：它们对世界进行排序和构建。[24]我们都知道“知识就是权力”的老话，但我们也错过了这种关系的另一面：权力也可以决定什么是知识，如何传播知识，谁拥有知识，以及为何使用知识。[25]数据化是一种探知世界特征和动态的方式，它通过将世界分类和规范化，使其清晰、可被观察，同时也排除了探知世界的其他可能维度与方法。与所有审视和处理世界的方式一样，数据化也是行使权力的一种方式。[26]

当数据化被运用在人身上时，它可能是反人性化的：数据化将人简化为属性和关联的抽象，这些抽象被细化、积累、分析和管理。它将人转变成为一种可以适应传感器、服务器和处理器的形式。它使社会各个行业的智能系统都能通过分析、分类、分层、评分、排名、奖励、惩罚、纳入、排除等方式来计算和决定我们的境遇，也就是社会学家提出的“人生机遇”：即每个人都可以接触到的机会、途径和选择。[27]并非所有过程和结果都是有害的，这因人而异，许多过程和结果是有益的或中立的，大多数也是正常的。但这更多地揭示了社会围绕数据驱动系统的组织方式，而不仅是数据化和抽象化的道德问题。它显示了我们如何接受一台巨型机器的存在，而这台机器把人碾压成了数字。

批判学者和实践者讨论数据化的用词，例如数据掠夺、数据殖民、数据榨取等，全都是一系列暴力词汇。但我们不应只是隔靴搔痒地探讨这种关系，而应该清晰、直截了当地揭示在将人类的生命、身份和行为抽象化的过程中的暴力。并非所有暴力形态都同等严重，但无论是哪种形态，它们依旧是暴力。

我们对于暴力的理解往往是狭隘的，总认为暴力就是直接的武力，因此人们几乎很难想象大规模暴力可以通过数据化的形式进行，但实际上这种情况已经发生了。数据化就是抽象化，但其结果并非总是抽象的。

我们可以举出真正可怕的例子，假如 IBM 向纳粹出售穿孔卡片技术，该技术有助于纳粹创建分类详细的人口普查记录，而这些记录被用来进行系统性种族灭绝。[28]然而，我们并不需要借助“戈德温定律”（Godwin’s law）① 去发现安娜·劳伦·霍夫曼（Anna Lauren Hoffmann）所界定的“数据暴力”的常见案例。[29] 我们只需要环顾四周，去倾听弱势群体和边缘化社区的经历就很清晰了。[30] 我的意思是，即便是我们中间最有权势的人，他们也会面临管理社会生活的官僚体制出现小故障和混乱所带来的挫折感。那么试想一下，如果算法决策直接影响人们的日常生活会怎样呢？如果数据收集或计算过程中的一个错误将决定一个人是否会被捕，能否收到援助等会怎样呢？

在现实中，没有什么“无心之错”可言，一切都是有意选择和内隐偏见的结果，而这就是数据化的暴力。

六、平台就是数字资本主义新房东

数字平台——包括优步、爱彼迎（Airbnb）、脸书、谷歌、亚马逊和其他许多主要平台，现在已经成为一种重要的社会基础设施。这些平台调解着我们的日常活动。我们在这些私有平台上开展社会交往，开展经济交易，进行个人消费活动。随着

① “戈德温定律”又被称为“纳粹类比规则”，是迈克·戈德温在 1990 年提出的一个理论。戈德温注意到，互联网上冗长的讨论到最后往往会演变成一场竞赛，即“当在线讨论不断变长时，参与者把用户或其言行与纳粹主义或希特勒类比的概率会趋近于一”。——译者注

这些数字平台的中心地位与权力与日俱增，当代社会的租金收取也在迅速扩张。[31]

数字平台将自己的触角延伸到任何它们能够进入的空间，尤其是那些以往并未货币化的空间，目的是从每条广告、每条分享的帖子或每件出售的商品中获利。它们主要通过将人们所有的行动、欲求和需要转化为在数字平台上开展的“服务”来实现获利目的。优步提供“交通即服务”。办公场所租赁公司 WeWork 提供“空间即服务”。劳务众包平台亚马逊土耳其机器人（Amazon Mechanical Turk）提供“人力即服务”。[32]除提供终端消费者服务外，目前许多政府、企业、大学和其他组织也从平台公司租用软件和存储等核心服务。这些“软件即服务”的业务运行在私有平台的生态系统中为这些平台提供持续的收入来源，同时也巩固了它们在经济和社会中的重要地位。

平台的商业模式建立在两个主要特征上：一是对基于现收现付、订阅和授权使用等维度的定价模型的应用；二是对于租金支付观念的拓展，租金不仅包括美元，还包括数据。在理想情况下，对于这些数字资本主义的新房东来说，没有人真正拥有任何东西。这些人只能从垄断供应商那里去租赁，直到付不起钱为止。

我认为数字资本主义和平台经济的核心就是“提取即服

务”。其目的是开发创新性方法，使租金收取尽可能无摩擦、自动化和最大化。

与传统房东要求租客支付房租费用不同，新的房东通过用户使用数字平台来获取收入。最关键的是，它们收取的是访问费，并不是针对所有权来收费，而后者越来越被视为已经过时。当然，平台公司可不会自称房东，因为这样做会给它们的公众形象带来损害，同时也会暴露出太多运营方式的信息。相反，它们常常使用“分享”这种诱人的语言，并宣称将“人们连接起来”。类似“万物即服务”的商业模式不断激增，其内核还是租赁关系，只是“新瓶装旧酒”换了个新名字而已。换句话说，这些平台公司实际上是在重振一种传统形式的食利资本主义，而我们往往把它与地主和封建主义等概念联系在一起。

构建数字围场的关键技术之一是软件许可。有了它，平台公司能对日常生活用品中所嵌入的软件及其产生的数据享有所有权。以智能设备为例，我们需要去购买它的硬件设备，同时还要获得授权许可才能使用其中的数字软件。当然，许可只是“租用”的另一种表达方式而已，我们使用服务所产生的源源不断的数据流也构成了“租金”支付的一部分。这些公司将平常之物变得智能化，以此构建起一种微型围场的形式。借助这种围场，公司享有对实体设备中数字化部件的所有权，以及访问、控制和关闭相关软件的权利，哪怕用户已经购买的设备也是如此。有了智能科技和数字资本主义，我们已经进入了房东2.0时代。

如果我们总结一下数字资本主义的逻辑，就能明白，其最终目标是实现一个根本性的转变：我们不再是任何事物的所有者，而变成了所有事物的租赁者，任凭那些许可协议摆布而无能为力。我们身处数字世界，但这些协议却削弱了我们决策其运行规则的任何效力。它们执行着一种利于合同条款起草方的单方面权力。我们则被要求无条件地服从这些不公正、不公平的程序，就好像没有其他可选的所有权制度一样。无论是使用流媒体内容还是授权软件，我们都在为将私有财产控制权拱手让给企业把关人而付出代价。

用数字控制来限制人们如何使用智能猫砂盆是一码事儿。但是，如果你花3万美金买了一辆汽车，甚至花10万美金买了一辆拖拉机，而你所拥有的只有一堆金属和橡胶，还得租赁软件去操作这些车辆就是另外一码事儿了。虽然类似服务条款的合同最初源于软件和网站，但它现在却是数字平台偷偷转移事物组成部分所有权的一种手段了，而这些所有权原本归他人所有。

现在，这些新房东不再去修建围栏了，它们也不再要求人们为进入产权区域支付租金了。这些食利者改为安装软件，从数字平台和实物的使用中获取利润。

假设房东 2.0 运动有一条座右铭的话，那它就是：当全世界都可以变为租金来源时，无论是线上还是线下，那么我们为什么还要把收租限制在房地产方面呢?

七、大萧条可能被重新命名为大分裂

人们通常将数据称为“新石油”，因为数据可以推动社会智能化发展，是给快速增长的行业创造大量财富的系统提供的燃料。《经济学人》2017 年某期封面文案就是“世界上最有价值的资源”，封面配图是海上石油平台的图片。这些海上石油平台被贴上了脸书、谷歌和优步等主要数字平台的名字，而这些数字平台正在钻取数据石油。[33]对于这些看似滑稽的比喻，我们不应该一笑置之，而应从中得到启示：人们对待大数据要像对待石油和金融一样谨慎。毕竟，这些行业都是由肆无忌惮地追求利润和权力的欲望所驱动的，这在社会、政治、经济和环境等各个层面塑造了世界，其影响也许是不可逆转的。

2010 年，记者马特·塔比（Matt Taibbi）将高盛集团（Goldman Sachs）形容为“一只裹在人类脸上的吸血鬼章鱼，无情地把它的吸血管塞进任何闻起来像钱的东西里面”。[34]但在当时，许多人根本不知道硅谷正忙着为自己的采掘企业奠定地基。当时，我们只是盯着华尔街的寄生行为和犯罪活动。与身穿深色西装的老强盗大亨形成鲜明对比的是，自以为是的硅谷年轻人身穿连帽衫，看起来人畜无害。也许，他们甚至会履行自己许下的崇高承诺——“让世界变得更美好”。

然而，在精明的品牌塑造举措背后，是他们对于个人数据的贪婪渴望，而我们全都低估了这一欲望。他们利用有利的公众舆论和闪闪发光的科技新品来诱使我们沉迷于那些让人上瘾的技术，将侵扰人们私生活的监视正常化，并以此囤积了巨额的财富。只是到最近几年，人们才意识到，这些技术寡头和数字资本家实际上并未让世界变得更美好。这是我们在被另一只吸血鬼章鱼包裹住脸后才幡然醒悟到的。

华尔街和硅谷之间的联系比人们通常认为的要密切得多。优步、爱彼迎和 WeWork 等大型数字平台大约都成立于 10 年前，当时全球金融危机余波未了，而这一时间点的重合绝非巧合。彼时，金融业被标记为有毒资产，大量资本要转投其他领域。尽管政府和很多行业都遭受了金融危机的重创，但后金融危机时代为销售智能解决方案的公司和数字平台的繁荣发展创造了条件。很快，它们就成为世界各大城市的重要特色。

长期的经济衰退和不放松的紧缩措施意味着很多西方国家的城市正在与基础设施过时与短缺、资金供给不足、机构产能过剩等问题做斗争。日益萎缩的公共部门和苦苦挣扎的经济状况却为新的平台开辟了市场。这些平台希望控制数十亿人的核心生活服务：覆盖了我们如何出行，如何获取食物，如何租房，如何找到工作场所，以及其他我们要做的所有事情。

对于硅谷的风险投资人和雄心勃勃的企业家而言，他们统治世界的策略依赖于改变监管、驱逐竞争、获得垄断权和控制社会基础服务。[35] 在一篇题为《具有监管权的企业》的论文中，法律教授伊丽莎白·波尔曼（Elizabeth Pollman）和乔丹·巴里（Jordan Barry）解释称，这种做法“并不新鲜，但近几年来，从爱彼迎到特斯拉，从 DraftKings① 到优步，越来越多的企业成了法律变迁的行为主体，这种趋势就凸显出来了”。[36]

与资金短缺的地方政府不同，科技公司有大量资本储备可供消耗。它们可以用创新的承诺来诱惑城市，同时还能针对拒不合作者实施破坏行动。举个例子来看，优步就曾经公开表示希望引入 UberHOP 服务②来与公交车展开竞争，这样它就能扩张到公共交通这个新市场了。很容易想象，优步那些

---

① DraftKings（DKNG）目前尚无正式中文译名。它是一家数字体育娱乐公司，创立于 2012 年，主要提供每日梦幻体育、体育博彩（在线、移动和零售）以及其他受监管的真钱游戏和数字媒体等产品。目前 DraftKings 是美国唯一合法的垂直整合体育博彩运营商。它还是博彩和体育博彩技术的多渠道供应商，为全球 17 个国家的 50 多家运营商提供支持。——译者注

② 2015 年末，Uber 宣布试点提供 UberHOP 服务。该服务类似公交车服务，能在提前定好的地点接用户上车，但此项服务的乘车地点、乘车时间和下车地点并不由乘客决定。——译者注

恶名昭彰的说客们会如何敲打各个城市，他们会说："这里的公共交通系统可真不错，如果出了什么意外，那就太可惜了。"

现在，我们设想一下如果把这个威胁放到日常生活的每个方面，放到城市运行和政府构成要素方面会怎样？实际上，这些科技公司的目标是获得弗兰克·帕斯奎尔（Frank Pasquale）所说的功能性主权："从出租房到交通，再到商业，人们将日益受到公司的控制，而非民主。"[37]科技公司不再满足于统治网络空间，它们已经意识到房地产开发商一直都心知肚明的一点：城市空间才是关键所在。

作为全球金融危机的起点，华尔街一直饱受批判性关注。但在这一宏大体系当中，代表企业主权的硅谷的崛起可能是此次金融危机影响最为深远的后果之一了。

八、硅谷最阴险的产物不是某项技术，而是一种意识形态

硅谷的话语体系总是充斥着无趣的流行词和天真的情绪，简直让人无力吐槽。这很容易让人们忘记这些词语原本的实际意义和用处。更可怕的是，这种谈论世界的方式已经走出硅谷，逐渐蔓延到了其他权力领域。"这些语言表达框架并非无害"，媒体理论家伊恩·博格斯特（Ian Bogost）解释道："这表明我

们甘愿让特定的技术思维方式去取代其他的思维方式。”[38]这种思维方式及其一整套思想、信仰、价值观和目标体系，其实是对名为“技术官僚”意识形态的一种现代更新。

技术官僚意识形态的核心是一种根深蒂固的“解决主义”：认为世界上所有的问题，甚至那些本来不应该被认为是问题的问题，都可以通过技术得以解决。[39]这种意识形态把一切都重新界定成有待技术去解决的问题，同时挤占了哲学反思和政治辩论的空间，尤其在应对本质上是社会问题的时候更是如此。

解决主义者的这种意识形态逆向发挥作用：那些销售解决方案的人们需要解决问题，沿着这一需要倒推回来，他们将每个问题都表述为一种证明现有解决方案合理化的方式。在这个框架中，解决方案被合理化。这些解决方案轻而易举便可得到，是适合世界特定框架的，或者最有利于卖方。发明成为需要之母。

无论出现在何处，无论在解决什么问题，技术官僚都试图通过提供创新方案来将自己对于他人的权力合法化。他们声称这些创新方案并未被令人不安的主观偏见和利益所玷污。通过使用优化、客观性等修辞策略，技术官僚将他们对社会问题的解决方案描述为对低效政治程序的务实性替代方案。[40]

技术官僚主义与权威主义有着类似的精神特质。这种特质无视民主决策和道德的复杂性，而倾向于由能构建出通往乌托邦之路的专家进行统治。[41]对于技术官僚而言，所有的人类价值都可以被忽视、被贬低，或被重新定义为技术参数。任何权衡和假设都隐藏在简单化的成本效益分析当中。人们不需要有什么合理的分歧，只要做出显而易见的决定就行。核心问题从来不是“为什么”去做某事，而是“如何”去做。他们行事并非因为该做，而是因为他们能做。

技术官僚的思维定式——这种所谓的非意识形态的意识形态，对于任何听过硅谷企业家、工程师和高管的主旨演讲的人来说都是耳熟能详的。这其中不仅包括埃隆·马斯克（Elon Musk）讨厌乘坐公共交通工具的想法（其解决方案就是修建地铁隧道），还有投资人马克·安德烈森（Marc Andreessen）对于印度阻止脸书进入市场的愤怒（其解决方案就是拥抱殖民主义）等。[42]不足为奇的是，现代技术官僚倾向于关注特定的问题和解决方案。这些问题和方案要么与他们特殊的欲望和厌恶有关，要么可以提高他们的资产净值和影响力。与此同时，他们也会提出“拯救世界”的主张。

从根本上来看，技术官僚相信自己拥有一个工具箱，可以通用于解决一切问题。伴随这种信念而来的是，他们对自身能力的极度自信，对其他方法的极度蔑视，以及对自身局限性的极度天真。

我们被允诺将拥有一个未来社会，但这个社会却被设计成一台超级高效的机器，而我们能做的只是把控制权交给科技公司，然后去信任极具硅谷特色的资本主义的仁慈与善行。

九、正如其他政治项目一样，构建智能社会也是一场争夺人们想象力的战争

讲述有关未来的故事是塑造当下的一种方式。如果你能尽最大可能去引导和限定人们的想象，那么你就能决定自己将生活在何种社会中。英国前首相玛格丽特·撒切尔（Margaret Thatcher）就深谙此道。她在谈到新自由主义经济计划时曾说过一句名言："你别无选择。"硅谷的幻想家和思想领袖也深谙此道，因此他们把技术描述为决定性、非人类的力量，技术进步只能朝一个方向发展前进。"就像自然界力量一样，数字时代也不能被否认或被阻止。"麻省理工学院媒体实验室创始人尼古拉斯·尼葛洛庞帝（Nicholas Negroponte）曾这样宣称。[43]这是科技企业家宣布历史终结的一种方式，借着泛在计算和互联网连接的翅膀，历史终结已经到来了。对于那些甚至连不同生活方式都无法想象的人们而言，这又会有什么威胁呢?

抓住我们的集体想象力是获取和维持权力最为有效的策略之一，科技行业就充分证明了这一点。[44]建设智能社会不仅仅

涉及算法、设备和平台的设计。它还需要兜售对未来的憧憬，并为实现目标绘制出一张行动路线图。[45]这一路线图也许布满了死路和弯路，甚至也无法真正把我们带到承诺的目的地，但这与说服人们相信没有其他可行道路的能力相比并不算什么。

尽管科技公司声称自己在改变世界的宏愿驱使下，具有强烈的创新性和颠覆性，但它们从未真正完整勾勒出一系列不同的未来图景以供选择。它们回避了真正激进的愿景，因为这可能会挑战现状或威胁到它们的现有地位。取而代之的是，它们提供了精心策划的解决方案和场景选择，目的是建设一个由它们主导的智能社会，并以此作为未来唯一可用或可行的版本。

从根本上说，政治是一场竞赛，比拼的是谁的社会治理计划会变成现实。尽管硅谷战略家总在大谈技术并不属于政治范畴，但他们心知肚明什么才是成败的关键，他们谋求成为这场技术政治之战的赢家。

正如一句名言所说："想象资本主义末日比想象世界末日更难。"[46]资本主义无孔不入，这甚至阻碍了最激进、最有创造力的在世思想家去构想一个不同的世界。资本主义已经渗透进了我们与社会的基本结构。它是一个随着时间的推移，根据社会技术变化而调整的动态系统——人们很大程度上通过控制这些变化来进行调整，并将一切都吸纳到这一动态过程中去。

资本主义的侵略性和黏性不能被简单归结为阴谋论，尽管有时候人们可能会产生这种感觉。资本主义对我们想象力的影响并非给大众洗脑的技术，就像对待天空中的化学残留问题一样，资本主义的运转流程并没那么令人兴奋，也没那么复杂。

这里真正的阴谋论其实是一种阶级统治，是关于权力和意识形态的老生常谈，是关于高层保持影响力以及特定利益高于其他利益的老生常谈。它催生了建立在严重不平等和寡头统治基础上的治理制度。“一个人决定几十万人能否养活自己的孩子，或者是否付得起房租的社会结构是无法忍受的。”记者亚历克斯·普莱斯（Alex Press）在谈到杰夫·贝索斯（Jeff Bezos）决定将亚马逊最低工资提高到每小时 15 美元时这样写道。[47]任何形态的资本主义，无论数字化与否，都是既经久不衰又无法忍受的体系，但它并非不可避免。

阴谋论给人们提供了一种参与政治的廉价途径：如果我们能够找出该死的证据，揭露不可告人的阴谋诡计，那么每个人都能意识到究竟发生了什么，世界就会被修复好！为了实现更加美好的世界，政治理论并不是要去演一出“神奇的魔术”，而是提供了更好的东西：它让我们看到社会是由人统治的，人们所做的事情，人们所做的选择都是偶然性的。这意味着其与“你别无选择”的宣称正好相反——不同的人可以基于不同的价值观和目的做出不同的决定，构建出不同的东西。这一认识充满了希望，将激励人们采取行动。

我们可不要忘记，这本书中所描述的智能社会的版本仍然是一个正在形成的未来。我们决不能把一个容易出错的计划误认为是不可避免的命运。对我们想象力的争夺之战将形塑我们的世界，而这场战争并未结束。

十、迄今为止，硅谷一直试图通过各种方式来控制世界，但关键是要解放它

抵制数字资本主义无法通过应急解决办法和个人行动来实现。没有任何数字戒瘾的举措，例如刻意回避盯着屏幕看或避免沉迷于网络，能够战胜从数据和注意力中榨取价值的政治经济制度；也没有一款提醒你每天花点时间沉心静坐的正念减压法应用程序，会让你坚决反抗一个权力集中在少数人手中的政治经济制度。这些应用可能会帮助我们去容忍数字资本主义最严重的过激行为——毫无疑问，每个小应用带来的舒缓作用都会有所帮助，但它们并不会改变这个体系。确保每个人在技术社会当中都有一席之地并能享受其红利需要我们采取集体行动。

我将在最后一章来阐述三种策略以努力构建更加美好的世界，但在此之前，让我们先深入了解一下智能社会的发展现状。

第二部分
智能社会机制

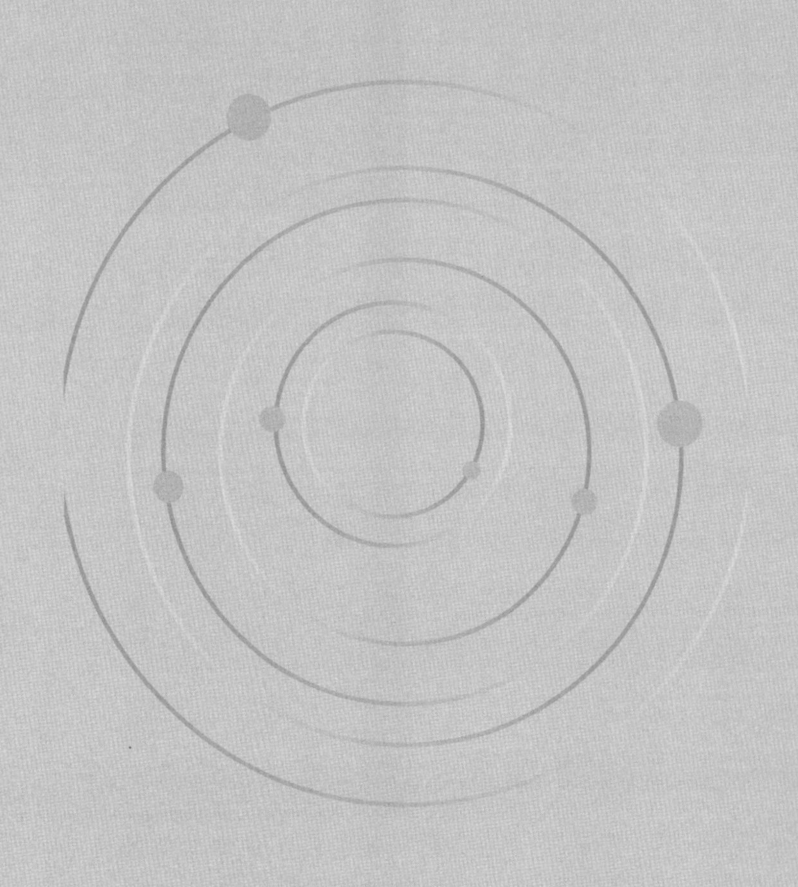

第四章　高效评级机器

他一动不动地坐着，就像盘踞在网中央的蜘蛛一样，但那张网有一千个节点，他对每一个节点的颤动都了如指掌。

——夏洛克·福尔摩斯（Sherlock Holmes），《夏洛克·福尔摩斯回忆录》中对犯罪大师莫里亚蒂的描述，1894/2010年

坎迪斯·史密斯（Candice Smith）正驾车行驶在内华达州拉斯维加斯的高速公路上，“突然之间方向盘被锁死了”，《纽约时报》报道中写道。[1]她的车突然熄火，横穿了多条车道。幸亏坎迪斯当时运气好，加上其他司机的帮助，她才成功地把车停了下来，而且没有严重伤害到任何人。

玛丽·博伦德（Mary Bolender）的女儿高烧到103.5度①。她知道需要立刻带生病的孩子去医院急诊室。她带着孩子冲向她的货车。她转动钥匙，但车却没有启动。她又试了一次，但车熄火了，就好像发动机被拆了似的。作为一个单身母亲，玛

① 华氏103.5度约为摄氏39.7度。——译者注

丽当时“感到极端的无助”。[2]

米歇尔·法西（Michelle Fahy）从学校接到了她的四个孩子，她在回家路上的加油站停下来加油。加满油后，她试图重新发动汽车，但车却没反应。她祈祷车能启动，但它就停在那里，一动不动，毫无用处。他们一家被困在车里的时间越长，孩子们就越感到困惑和惊慌。“孩子们处于恐慌状态。”米歇尔说道。[3]

在这三个女人生活压力最大的一天，她们都沦为了远程收车的受害者。

就在不久之前，收车人总在半夜出现，借着夜色将逾期付款者的车拖走。但现在，收车人再也不需要利用夜幕来掩护他们“合法偷车”的行为了。有了加装在车上的智能设备，这些收车人就像随时坐在副驾驶位上一样。他们了解你的实时位置，也能随时把车收回来。

汽车“启动中断设备”允许汽车贷款机构跟踪车辆位置，无论是实时的还是延时的。如果贷款人拖欠付款（有时只能宽限一天）或驶入了未授权区域，追债人就能远程禁用车辆。人们无法躲避这些追债人，因为他们只需要在自己的智能手机上操作一下就可以禁用车辆，直到贷款人还款为止。正如一位汽车贷款公司员工所描述的：“我在沃尔玛购物时就能顺带把一辆车给停了。”[4]这种方式既不费劲，也不需要偷偷摸摸，更无须发生当面冲突。

以上三个例子来自《纽约时报》近期对于汽车贷款机构越来越多地使用启动中断设备的调查报道。[5]虽然这些故事特别令人痛心，但类似情况却并不少见。贷款公司如果将车租给次级贷款人，要求他们在车上安装启动中断装置是行业惯例。人们倾向于将“次级”与抵押贷款和导致2008年金融危机的有毒资产联系起来。然而，次级贷款并不只是针对住房。2016年的一项研究表明，美国几乎一半的汽车贷款都发放给了被打上了“次级”标签的借款人。这意味着这些人的信用评分很低，财务风险很高。[6] PassTime是一家领先的启动中断设备制造商，它已售出了数百万计的汽车启动中断设备，其客户包括汽车贷款机构、汽车经销商以及世界各地的保险公司。不仅如此，商业杂志《公司》（*Inc.*）2015年还将PassTime评为“美国增长最快的私营公司”之一。[7]

这些贷款公司声称，如果没有启动中断设备，他们就不会向次级借款人提供信贷。他们把这种控制技术描绘成为一种“强悍的爱”，意在帮助人们实现“自立”并始终保持在正轨上。[8]他们还把这种设备说成是一种必要的权衡，而通常如果劣势人群想要获得移动性特权的话，就必须做出这种取舍。

但是，千万别让汽车贷款机构所谓的善意欺骗了你。这些设备是用来增强信贷机构获取报酬的能力的，是通过拓展这些机构对于空间、物和人的权力来实现的。除了 GPS 跟踪和远程收车之外，车里还有一种支付提示设备，它会在到期付款日当天每隔五秒钟就发出一次“哔哔”声。这是一种没人应该去忍受的暴躁的爱。该设备早期版本是用来帮助宠物主人追踪动物行踪的，这一起源充分说明了其设计内在的权力结构。

正如大量研究所表明的，尤其是在 2008 年金融危机之后，次级贷款机构对于技术的使用不仅是为了向风险人群提供信贷，更是为了最大限度地去提高利润率。[9] 汽车启动中断设备是一个极端的例子，说明了弱势人群在当下是如何以全新方式被剥削的。信贷机构愤世嫉俗地使用公平和机会等话语来为其剥夺隐私、自治和尊严的制度辩护。更重要的是，启动中断设备可能会在车辆行驶或空转的同时生效，这会对驾车人和其他共用道路的司机造成巨大的危险，这本身就存在隐患。

然而，这些装置并非孤例。用来监控和管理人的智能技术五花八门，而汽车启动中断设备只是赤裸裸的现实案例之一。从位置跟踪和远程控制，再到价值提取和行为修正，一切就好似从数字资本主义手册中直接抄下来的。这种设备被掠夺性信贷机构所使用，强化了我们对于此类问题和影响的反应，但我们也应该要多加小心，不要将其视为智能技术出岔子的孤立案例。

技术和司法学者弗吉尼亚·尤班克斯（Virginia Eubanks）指出，一个预测数据收集和社会控制未来如何发展的好方法是去询问贫困群体和边缘化群体，因为他们通常是“监控技术的测试对象”。正如一位靠政府福利救济的妇女曾经告诉尤班克斯的那样：“你们应该关注我们的遭遇。接下来就是你们了。”[10]她指的“你们”就是像尤班克斯（和作者自己）这样的白人中产阶级专业人士。

如果智能技术不在弱势群体中先行测试和训练，那么就可能首先会作为高端消费商品出现在市场上。早期采用者和拥有可支配收入的人们会使用它。在这两种情况下，如果这项技术是行之有效且有利可图的，那么智能特征将作为标准功能被集成到产品当中。接着，这项技术将被逐步推广到其他人身上，渗透整个社会，直到它成为日常生活的一部分。电子和数字计算领域中很多应用的早期发展就是如此。

举个例子来看，美国前进保险公司（Progressive）为客户提供了一款名为“快照”（Snapshot）的设备。客户可将其安装在自己的汽车上。这款设备会记录下客户开车的地点、时间和方式，然后将这些信息回传到前进保险公司。这些数据包括：你经常“急刹车”吗？即使周围没有人，你也会加速吗？你开车会经过“危险”社区吗？你会在“可疑”的时间段开车吗？那么，现在你的保单保费可以准确地反映出这些因素。正如该公司首席执行官所说，“快照”是“个性化保险定价体系的重要开端，它基于对驾驶行为的实时监测，基于对个人的统计数据来定价”。[11]

虽然“快照”设备并不会被用于关掉汽车点火控制系统，但它确实可以帮助保险公司以其他方式对驾驶员展开监视和管理。目前许多保险公司也在使用类似的设备，比如英国最大的车险公司阿德米拉尔（Admiral）也为客户提供了一款名为“小盒子”（LittleBox）的设备，这是其“黑匣子”保险计划（Black Box Insurance program）的一部分。如果保险机构不想在公司内部开发这种智能技术，他们可以聘请像The Floow①这样的初创公司来提供服务。The Floow公司从司机的智能手机传感器中收集数据，并基于对这些数据分析为每个司机打出一个“安全评分”。公司据此来预测司机近期发生事故的可能性有多大，而The Floow公司的分析将直接影响司机的保险费。

我们可以将这些设备和评分看成是使用在中产阶级身上的汽车启动中断设备版本。那些避免了被汽车贷款机构硬性控制的人们，又被诱骗落入了汽车保险公司的软性控制当中。[12]

我们已然饱受各类系统的影响，这些系统被设计成各种方式来收集我们的数据，控制我们的行为。要想知道智能技术如何限定我们的身份、行为与外部评价，我们无须举出激进的例

① The Floow成立于2012年，现为全球车联网领域最大的数据和技术服务提供商之一。公司提供的服务能帮助保险公司转变原有经营模式，改善客户交互方式，提高定价分析能力，减少理赔欺诈风险。——译者注

子，也无须去预测未来。智能自我已经成为现实了。

熟悉“自我追踪”这类热门话题的人们可能会期望我在“智能自我”这一节中重点介绍量化自我运动、可穿戴设备最新趋势以及身体测量历史等内容。毫无疑问，这些议题都是智能自我研究领域中有趣且重要的部分。然而，这些议题已经吸引了众多资深研究人员和记者们的关注。[13]在此，我更想讨论的是，智能自我不仅只涉及人们如何去追踪自我，除此之外还有很多重要的方面。接下来，我们将研究智能技术的两个实际案例——评分系统和员工管理，从中我们会看到，智能自我的核心影响来自拥有权力的人与机构如何处理你的数据，以及他们如何据此引导你的行为，无论你是否希望他们这样做。

一、评分系统：数据流转与处理

在我们身处的监视社会里，存在这么一个怪异且秘而不宣的事实：有一些未知的实体正出于未知的目的在收集我们的数据。公司和政府以日渐创新的方式渗透到我们生活的数据流当中，获取着关于我们在做什么、认识谁、要去哪里等信息。数据收集的方法和目的不断扩展，这似乎没有尽头，也没有限制。

在汇集了每个人数千个数据点的系统基础上，一个庞大的行业目前已经建立起来了。这些公司被称为数据代理商。它们捕捉我们的个人信息，并根据各种指标对我们进行分类。它们创建的个人资料档案就像是人们的虚拟化身，也就是分体化自我的数据替身。它们向营销公司、保险公司、雇主单位以及政府机构和警察部门等机构出售个人数据和资料的访问权限，而这些机构基于虚拟化身做出的判断将直接影响到我们实实在在的机会和福利。

据有关机构估计，数据代理行业年度营收规模已高达约 2 000 亿美元。[14] 益博睿（Experian）、艾可飞（Equifax）和环联（TransUnion）是三家最大的数据代理公司，每家的年度营收规模都高达数十亿美元。这些数据代理公司的规模非常惊人。2014 年，美国联邦贸易委员会（US Federal Trade Commission）发布了一份报告，这份报告调查了九家最大的数据代理公司：

其中，第一家数据代理公司的数据库中有 14 亿消费者的交易信息和超过 7 000 亿的聚合数据元素①；第二家数据代理公司的数据库覆盖了金额高达 1 万亿美元的消费者交易数据；第三家数据代理公司每月向其数据库添加约 30 亿条新记录。最重要的是，数据代理公司拥有大量关于个人消

① 数据元素是计算机科学术语。它是数据的基本单位，数据元素也叫作结点或记录，在计算机程序中通常作为一个整体进行考虑和处理。——译者注

费者的信息。例如，九大数据代理商中有一家就针对全美消费者定义了 3 000 个数据字段。[15]

数据代理商往往行事隐蔽，但 2017 年 9 月，艾可飞遭到黑客攻击，1.43 亿人的个人信息被泄露，整个行业被推到了聚光灯下。[16] 黑客访问的数据包含极为敏感的信息，如社会安全号、驾驶证号和信用卡号等。然而，尽管艾可飞遭受黑客攻击的事件让人非常震惊，但它所暴露出来的也只是数据代理商所囤积数据的冰山一角。益博睿、环联同样是与艾可飞不相上下的数据巨头，除此之外，还有数千家与三大巨头相比规模较小的数据代理公司，更不用说各类公司所创建的海量数据库了。这些公司按理说并不该将我们的数据卖给第三方。

数据代理商利用所有这些信息将社会划分为多个细分市场。一项对该行业运营状况的调查显示，它们所使用的类别标签可能是冷酷无情的，甚至是残忍可怖的。例如，这些可怕的标签包括“脆弱的家庭”“易受骗的老年人”“可能是躁郁症患者”“强奸受害者”“女儿已在车祸中丧生”等。[17] 在它们从数据中榨取价值的过程中，只要能提高数据代理行业精准定位和剥削人的能力，似乎一切都是可以下手的对象。

数据代理公司也会使用不那么可怕的标签来将我们分类，比如人口统计、消费者决策和政治观点等。如果这些数据不是公开的，那么数据代理商就会声称它们可以利用其他信息来推断我们的身份并预测我们的偏好。例如，假设你居住在某个邮政编码区内，在一家快餐店工作，并且没有汽车，那么数据代理商就使用分析模型或者是伪装成算法的刻板印象来推断你的种族、年龄、教育和社会经济状况。人们以为数据应该是匿名的，但大量研究已经表明，对于那些拥有权限工具和专业知识的人来说，利用少量数据点去弄清楚某人的身份和其他私密信息并不困难。[18]

如果将多个数据库中的信息合并，数据代理商还能提供关于你的身份和行为的更加完整的信息，这些信息会以意料之外甚至令人不安的方式被使用。例如，一些医院和健康保险公司会通过数据代理公司来购买人们的信用卡消费记录。你看到保险公司奖励你购买健身房会员资格（即使你很少再去健身房了）时也许会很高兴，但是你也有可能会惊讶地发现，保险公司决定要惩罚你过于频繁地购买麦当劳的行为了。[19]（我将在下一章深入探讨保险业对于智能技术的热切拥抱）正是因为这些数据代理公司，使得原本孤立的信息现在被整合起来了，并以令人担忧的新方式被利用。

除了建立个人数据库之外，许多数据代理商还会提供信用评级服务，因此除了对我们进行分类之外，它们还会对我们进行评价和排名。它们所创建的个人档案和信用分数常常被用来做出直接影响我们生活方方面面的决策，例如贷款、租房，或者是找工作等。[20]它们分配给每个人的“营销评分”是经过精心设计的，目的是规避旨在约束不公正使用数据档案的相关法规。[21]类似《公平信用报告法》（Fair Credit Reporting Act）的立法初衷就是要终结“不相关”信息的收集行为，并为“获得许可”使用这些消费者报告信息的机构制定规则。然而，由于狡猾的法律周旋运作，这项法律并不适用于数据代理商。

实际上，对于数据代理商如何组合与销售它们的数据信息，目前并没有任何限制，也没有任何监管或透明度。这些公司在灰色地带运营。即使是美国参议院委员会出面对数据代理商进行调查，他们也无法获得关于代理商如何收集和使用数据的实质性回应。[22]这被一个强大的行业所阻挡，这个行业既重视自己的隐私，又从侵犯他人的隐私中获利。这使得那些被分类、被画像、被评分的人们毫无追索权可言，而这些人就是我们每一个人。即使数据代理商关于你的画像资料并不完整甚至是完全错误的，即使它们的评分是基于卑劣的假设，但你也很难去更正这些记录。哪怕你明明知晓这一切，你却无能为力。与此同时，这些不准确的评估仍将对你产生实实在在的影响。

这些公司利用了人们以为数据驱动系统是客观的、中立的看法。它们将系统所输出的结果表述为对世界的准确反映，从而使它们得以逃避任何对于有害的、不公正后果的指责。面对外界对它们所采用的分析方法的质疑，它们可能会这么回应：这些就是事实而已，如果你不喜欢这个世界的运作方式，那也并不是我们的错！但实际上，这些被计算机科学家凯西·奥尼尔（Cathy O' Neil）称为“数学毁灭性武器”的东西，其中包藏了大量刻板印象、偏见和错误。[23]它们反映并助长了长期存在的社会不平等问题。

“正如社区可以作为种族或族裔身份的代表一样，人们也有新的担忧，即大数据技术可能会被用作‘数字红线’来标记不受欢迎的群体，无论他们是作为客户、雇员、租户还是信贷接受者。”白宫 2014 年发布的一份报告就大数据的影响提出了上述警告。[24]“数字红线”这一术语让人想起了这样的日子：银行会用红线将城市地图特定地区圈出来，而这些被红线圈出来的区域通常是社会边缘人群居住的地方，银行不会给圈定区域的人们放贷，至少不会以公平的利率贷款给他们。而数据代理商又将这种人群阶层划分提升到了一个新的高度。这些公司并不会采取公然的歧视做法，而是依据种族、性别以及其他“受保护类别”数据的替代品进行相关性分析，并从中得出具有歧视倾向的结论，同时它们也留有貌似合理的否认余地，以此规避监管部门的回击。

正如法律学者前期研究所表明的那样，数据代理商所使用的技术在 2008 年金融危机中发挥了至关重要而隐形的作用。

这些技术帮助信贷机构找到了脆弱的目标群体，而这些人很可能会受诱导而签署有毒的次级抵押贷款协议。[25]我曾经与社会活动家、作家阿斯特拉·泰勒（Astra Taylor）合作写过一篇文章。该文章分析了无良的金融机构如何利用脸书通过对个体画像进行分析而制作的定向广告来欺骗单身母亲和负债累累的学生等弱势群体。[26]金融危机爆发以来，数据代理商不仅逃避了惩罚，而且它们跟踪和锁定人群的能力还变得日臻复杂、精细和有利可图。“现在，这个体系急速发展起来了，你和这个体系中的参与者之间没有任何关系：网络广告商、数据代理商以及正在榨干你信息的各种公司……”美国公共利益研究集团（US Public Interest Research Group）的埃德蒙·米尔兹温斯基（Edmund Mierzwinski）说道。[27]

想要了解数据是如何推动排挤性和剥削性系统发展的，我们不必费力去找各种例证。赛博朋克先驱威廉·吉布森（William Gibson）有一句名言：“未来已经到来，只是分布不平均而已。”[28]如果想知道这些数据驱动系统是如何发展起来的，我们也不必盯着预测未来的水晶球看。

二、管理员工：重返“摩登时代”

查理·卓别林（Charlie Chaplin）的经典电影《摩登时代》

（1936 年）是一部精彩的讽刺作品，开场文字旁白称之为“一个描述工业时代的故事，描述了私营企业与人类追求幸福间的冲突”。[29] 这部电影揭露了工业社会的反人性本质，展现了机械创新如何被用来提高效率和最大限度地实施剥削。尽管这部电影是 80 多年前拍摄的，但只要对工作和技术等描写稍加更新，这个故事可能也是关于当下的。

这部电影开场展现了由卓别林所饰演的不幸工人的日常工作场景。我们看到了很多他辛苦工作到筋疲力尽的场景。他的老板查看着安装在工厂四处的屏幕，监督着每一个工人。这些屏幕播放着双向可见的视频：老板可以从办公室监视整个工厂，而工人也可以同时看到老板正在监视自己。这种监视的场景可能会让人联想起乔治·奥威尔（George Orwell）的小说《1984》，而该小说是在这部电影公映 13 年后才出版的。

接着，镜头转向卓别林，他正在流水线上工作着。机器的运转速度常常超过他，迫使他加快工作以跟上流水线的速度。不久，卓别林打卡休息去上厕所，希望能单独歇一会儿。他刚喘过气来，厕所里的监视器就打开了。老板冲卓别林嚷道：“嘿！别再偷懒了，赶紧回去干活吧。”

很快，午餐时间的哨声响起。这时，我们看到一群发明家正在向老板推销一种新的节省劳力的技术，称为“巨浪喂食机”。他们只需一只实验小白鼠演示就可以证明这一点。老板选了卓别林来试用新技术。一位工程师这样描述这台机器："一种实用的设备，它能在工作时自动给你的工人喂饭。不要停下来吃午饭，要领先于你的竞争对手！'巨浪喂食机'将砍掉午餐时间，增加你的产量，减少你的开销。"卓别林被绑在机器上，他在流水线上工作的同时被强行喂食。然而不一会儿，机器却突然出了故障，不停地用机械臂猛击他，还把食物塞在他的脸上。

让我们快进到下班前。这时，卓别林已经筋疲力尽，但他仍在流水线上工作着。为了跟上传送带的快节奏，卓别林绝望地被拖进了这台巨型机器。在这部电影最著名的一个场景，卓别林被巨大的齿轮压碎了，这些齿轮强推着他在机器内部翻腾，就好像他正在被一个机械怪物咀嚼着，消化着。现在看起来，这台机器上只少了一个"工业资本主义"的标签。卓别林的同事把机器倒过来，他被吐了出来。卓别林身心俱疲，精神崩溃，老板就让警察把他拖到医院去了，资本主义又多了一个牺牲品。

《摩登时代》精妙刻画了工业社会中工作和生活的扭曲状态。即使放在今天来看，它仍然是一部精彩的电影。但如果我们去拍一部《摩登时代》的续集用来反映当前智能社会中的工作主题，那我们应该怎么拍呢？视觉风格又如何呢？电影的主要场景就不是在 20 世纪 30 年代的工厂里了，而是在 21 世纪初进行残酷剥削的工作场所：比如，一间亚马逊仓库。

三、更智能、更努力地工作

这是在亚马逊仓库上班的第一天。亚马逊将仓库称为“运营中心”。该仓库位于市区外，刚刚投入使用约一个小时。[30]新招聘的员工要赶在天亮之前抵达仓库来接受培训。[31]这些人中大多数都受到了经济停滞和就业市场低迷的沉重打击，他们渴望拿到薪水。亚马逊非常清楚自己对于这些临时就业大军有着举足轻重的影响力。[32]或许这些新人也得到了与麦克·麦克利兰（Mac McClelland）相同的建议——麦克利兰是一名记者，目前在仓库工作—— 一名当地商会的工作人员对他说：“他们（亚马逊）每天都在不断地招聘和解雇员工。你将不断看到周围有人离职或被解雇。当他们对你大喊大叫时，你不要认为是针对个人的，不要崩溃，也别哭。”[33]

亚马逊仓库是一个巨大的、洞穴状的混凝土结构。仓库里面有多个楼层，每一层都堆满了货架。传送带穿过仓库，把箱子运到不同的站点。如果你在其中一个配备有 Kiva 机器人①的仓库工作，那么你会发现仓库一部分空间属于“人类禁入区

① Kiva 机器人是亚马逊在 2012 年斥资 7.75 亿美元收购 Kiva systems 公司的机器人项目，这家公司专注于利用机器人在仓库里完成大量网上订单的派发工作。亚马逊高管称启用 Kiva 机器人可提高近 50% 的分拣处理能力，Kiva 机器人与 Robo-Stow 机械臂等组成的系统可在 30 分钟内卸载和接收一拖车的货物。——译者注

域”，在那里，一群机器平台以网络编排的方式来移动货架。这个区域是黑暗的，死寂的，禁止入内的。任何挡道的人都可能会受到严重伤害，也许对亚马逊来说，更重要的是，这会破坏系统的精细协作。对“人类禁入区域”的描述带着一种洛夫克拉夫特式①的氛围：这是一个超现实的恐怖深渊，这里由不可预测的机器人统治着，它们偶尔从黑暗中浮出水面，然后又退回到死寂的机器群当中。[34]

在不同的季节里，这些仓库要么异常闷热，要么冻得要死。[35]大型装货间的门一直关着，以防止员工偷东西。这意味着，每个员工在去自助餐厅、上厕所或者下班之前都要接受机场式安检，安检排队时间长达30分钟，当然这部分时间是没有报酬的。[36]

数千名工人在仓库里辛苦奔波，从不停歇，就好像鲨鱼停下来可能会死掉一样。一些工人把货品从货架上取下来，而另一些工人把货品装进箱子里。仓库里安静得令人毛骨悚然，分拣工人、包装工人和库存工人都在机械地完成他们的任务。[37]仓库里并不禁止人们交谈，但与同事交谈需要精力，需要呼吸，需要花费时间。当完成每项任务的速度都以秒为单位来计算时，时间和精力便都是稀缺资源。

① 洛夫克拉夫特（Lovecraft）是克苏鲁神话的开辟者。他所创作的《克苏鲁的呼唤》《疯狂山脉》等作品至今仍是许多游戏和小说的灵感来源。——译者注

所有的分拣工人都配备了一台手持电脑，它向工人发出命令，告诉他们必须取回什么东西，以及货品在庞大的仓库里的位置。然后，设备会开始倒计时，工人必须在限定时间内找到并扫描正确的货品。[38]如果未及时找到货品，那么分拣工人的任务完成率就会下降。如果完成率低于特定标准，那么这名工人就会被解雇，一名新员工将取而代之。接着，循环再次开始。

据媒体报道，亚马逊单个仓库每年“大约有300名全职员工因工作效率低下而被解雇”。在对于数字资本主义冷酷无情的描述当中，生产效率的权重如此之高，而人的价值却如此之低，以至跟踪系统会根据员工的业绩表现自动终止员工的工作，而无须主管出面。[39]如果员工没有自动离职，那么他们的主管将被解雇。

仓库里部署的智能技术并不是为了让工作更加轻松，也不是为了提升人们的业务技能。它更像是一个手持式监工，负责咆哮着发号施令，跟踪生产效率，抡起鞭子督促人们工作，解雇懒汉。每一秒钟都是货币化的，每一个动作都会被监控和优化。仅仅几分钟用于“非生产性”的活动就是一种违规行为，必须予以杜绝。沃尔玛将这些违规行为称为“时间盗窃”，因为员工上班时，公司拥有他们生命中的每一秒钟。[40]一方面，按照公司的标准，即使员工上厕所次数过多，也是受到纪律处分的理由；另一方面，公司却从不讨论大量的“工资盗窃”问题，比如上班前和下班后员工都要排长队等候安检。

工人没有出错的余地，不全速工作时间就会不够用。亚马逊根据员工最高生产效率计算出满足其苛刻目标所需的最少人数，那就是他们要雇用的人数。在 10 个小时的轮班时间内，工人们通常需要分拣上千件货品，这意味着他们需要不停地走动（或跑动）大约 12 到 15 英里，当然还要不停地下蹲，站起来，踮着脚尖。[41] 据媒体多次报道，这种恶劣的工作条件和残酷的生产率目标在美国、英国及欧洲其他地区的亚马逊仓库都普遍存在。[42]

然而，对于亚马逊来说，更不幸的是，人们在闷热到窒息的仓库里长时间高强度工作后很容易筋疲力尽。工人经常因为脱水和中暑而崩溃，为此许多仓库门口都停着救护车，等着给工人提供急救，送他们去医院。[43] 正如宾夕法尼亚州某个仓库的一名员工所说的（就在她被解雇前不久）：“你们这些人只关心生产率，而不是员工福利。我之前工作的单位，没有一家会因为极端高温配备医护人员，他们就在外面等着员工倒下。”[44]

在我们这个残酷的、快节奏的智能社会里，“创新”总在不断涌现。在我写这一章的时候，亚马逊刚刚获得了一种智能腕带设计的专利，这种腕带可以随时跟踪工人的手在什么位置。根据 Gizmodo① 的说法，这种腕带“甚至可以在工人把货品放错箱子时提供触觉反馈”。[45] 这意味着当工人犯错时腕带会振动。又或者，如果我们相信现实生活中反乌托邦的存在，那么就不难想象腕带也许能传导电击，从而训练工人准确、高效地完成任务。毕竟，正如我们之前了解到的那样，曾经的宠物追踪装置已经变成了信贷机构用来远程关闭汽车引擎的智能装置。那么，为什么不能给工人加装上宠物震动项圈呢？实际上，在亚马逊开发出能真正取代人类的机器人之前，工人的待遇更像是亚马逊所控制的小型机器人。目前，精细运动技能是许多仓库工人保住就业的原因之一了。

更重要的是，亚马逊的剥削还具有传染性。根据美国一项近期研究结果，“政府数据显示，亚马逊开设仓库后，当地仓库工人的工资平均下降了约 3%（但在某些地方下降甚至高达 30%）。在亚马逊运营的地方，这类工人的收入比其他地方雇用的同类工人低约 10%。”[46] 因此，换句话说，亚马逊的存在拉低了在其他仓库工作的工人的工资。即使你并不在亚马逊工作，它也会影响到你。这种“工资盗窃”行为的程度之深和范围之广确实令人瞠目结舌，或者也有人会说这是具有颠覆性和创新性的。

① Gizmodo 是美国一个知名科技博客，主要报道全球最新的科技类产品，报道的产品涉及高科技产品，如计算机、手机、PDA、数字相机、家庭娱乐等。Gizmodo 也是最早曝光第四代 iPhone 的网站。——译者注

亚马逊看起来似乎是一个利用智能技术剥削和控制员工的极端例子。这家公司的做法确实令人震惊，但绝非个例。再举一个例子：2013 年，英国超市乐购（Tesco）被指控给员工配备臂带，并用臂带监控员工的一举一动，对员工完成任务计时并进行生产效率评分。[47] 实际上，受到类似工作条件影响的员工人数不容小觑。仅亚马逊一家就在全球雇用了数十万员工，而且这一规模仍在不断增长（2017 年，亚马逊澳大利亚首个运营中心已经正式投入运行）。与其说亚马逊是一个异类，不如说它是一个"先行者"。亚马逊目前在工作场所和员工身上使用智能技术的探索处于全球领先地位。一份关于亚马逊劳工实践的报告就称该公司是"侵略性潮流的引领者"。[48]

四、微观管理至死

当前，用于管理和压榨员工的类似的智能技术已被部署在各类工作当中了。例如，数百万负责运输和交付仓库存货的卡车司机必须在车辆中安装电子记录仪（Electronic Logging Devices，简称 ELD）。与汽车启动中断设备一样，电子记录仪会密切监视每个卡车司机的日常活动。电子记录仪会指示卡车司机应在何时何地驾车，应该如何驾驶，应该如何停车。[49] 据安装了这些装置的卡车司机描述，这就像老板一直坐在副驾驶位置上一样，虽然毫不奇怪，但却是一种地狱般的生活和工作方式。他们正在积极抵制这一强制措施，但美国一项新的法律却要求商用车辆必须配备电子记录仪。[50] 卡车公司和立法者认为，这种侵犯性技术能够让驾驶更加安全。而卡车司机却强调，他们对隐私、信任感和独立性的体验都会大大丧失。对卡车司机而言，特别是那些在长途运输过程中要睡在卡车中的司机，电子记录仪是一种全面控制的方式，是一种完全自动化的形式。[51] 新媒体沃克斯（Vox）发布的一份报告显示："电子记录仪还被视为是迈向更具侵犯性的监控技术的一道关卡，这些更具侵犯性的技术还包括脑电图监测帽 SmartCap①，或是 Seeing Machines② 配备计算机视觉技术的向内朝向摄像

---

① 智能帽子 SmartCap 看上去可能和普通帽子没太大区别，它配备了一套脑电波监测分析系统，可持续追踪佩戴者的脑电波，使用专有算法进行数据分析。当佩戴者出现疲劳迹象和症状时，SmartCap 便会对系统发出提醒，以防佩戴者因为疲劳而犯错或遭遇意外。自 2012 年起，SmartCap 已经在南非、智利和澳大利亚等国的采矿业投入应用，并进行了超过 100 万小时的脑电波分析。——译者注

② Seeing Machines 是一家总部位于澳大利亚的国际化企业，其致力于成为让机器能够观察、了解和协助人类的计算机视觉技术行业的领导者。该公司的机器学习视觉平台可以通过人工智能分析头部、脸部和眼睛来实时了解驾驶员情况，以便提供给驾驶员监测系统（DMS），用于监控驾驶员 / 操作者注意力并辨别他们在途中的困倦与分心情况。Seeing Machines 为汽车、商业车队、航空、铁路和越野市场开发驾驶员监测系统，在澳大利亚、美国、亚洲和欧洲设有办事处，目前为垂直行业的业内领导者提供多平台解决方案，包括嵌入式软件和处理器，以及售后系统与服务解决方案。——译者注

头等。”[52]

这种侮辱可不仅限于针对蓝领工作。举个例子，最近在服务行业工作的人们极有可能都在忍受着准时生产制调度的暴政。几乎每个零售商和餐饮连锁店都在使用该软件，该软件分析销售模式、天气预报以及其他来源的数据，以计算出最佳轮班时间表。[53] 出于对效率和利润最大化的追求，该软件不给员工安排稳定的轮班。员工每周的排班都有可能发生极大的波动，他们常常在毫无征兆的情况下被通知每周排班的变化，而且每天都可能有调整。他们被迫以非常不稳定的班次工作，比如同一个员工要熬一个 Clopen 班次，就是由工作到最晚的那个员工来关店，第二天还是由同一个员工最早到店开门营业。他们随时待命，这样雇主就能随时随地安排他们去工作。他们常常在上班期间被要求下班回家，这样雇主就能降低劳动力成本。一些雇主甚至打着了解谁能最快接班的幌子，跟踪员工在工作时间以外的位置信息。

这种不可预测性严重扰乱了员工的生活，使他们无法制订计划、预约医生、安排托儿等，但却大大有利于雇主。现在，大公司可以通过按几个键来管理庞大的员工队伍，提升公司的利润。软件制造商 Kronos 的一位副总裁曾说过：“这就像魔术一样。”[54] 但对于员工来说，这更像是一个诅咒。

但是等等，还有更多呢！即使你在办公室工作，甚至在自己家里做自由职业者，经理也有一系列工具可以用来仔细检查员工的每项行动，这些包括诸如 WorkSmart 等“生产力工具”。老板将这些软件安装在你的计算机上，不仅可以捕获常规的电脑屏幕截图，还可以调用网络摄像头每隔十分钟拍摄一张照片。接下来，“他们利用这些数据和其他来源的数据来计算‘专注力评分’和‘工作强度评分’，并用于评估自由职业者的价值”，据《卫报》报道。[55] 要不然，老板怎么能确保你在家工作时不偷懒呢？

此时此刻，你最好相信老板正在阅读你的电子邮件，检查你的网络活动，浏览你的社交媒体，甚至跟踪你的击键动作。如果不是老板亲自在做，那么就是算法在做这些事情，而且，他们很有可能不仅仅是在你的工作时间段这么干。这种被委婉地称为“生产率监控”的方式正在成为常态。更加智能的技术带来更高利润和更佳控制。

目前至少有几家公司正试图将这种私密追踪提升到一个新的层次，它们（只是目前）为员工提供了一种方案，即在员工的手中植入一块芯片，然后可以用来开门和操作自动售货机（也只是目前）。[56] 像对待宠物一样给员工植入芯片会出什么问题？即使是最愤世嫉俗的观察者，看到这种智能技术的腾飞也很难接受。这具备反乌托邦科幻小说里所有经典的预警信号，但是现实世界仍在继续超出人们的预期。美国一家公司让五十多位员工确信，未来就在眼前：他们自愿接受了芯片植入。[57]因此，也许我们并没有踩刹车，而是在踩油门，我们正在加速迈向一个由数据收集和控制要务所定义的智能社会。请大家系好安全带。

有关雇主如何运用智能技术从员工身上获取更多价值，并对他们施加更多控制的例子不胜枚举。智能自我技术让员工能工作得更加努力、更好、更快，工作更长时间，但老板总想要更多。以残酷无情的贪婪为核心的（数字）资本主义，加上持续性的监控和独裁的算法，再与系统性不平等和不稳定的就业混合在一起，这就是《摩登时代》续集当代篇的主要构成了。

我们醒着的大部分时间都在工作。我们对自尊和身份的感知与我们的工作息息相关。但现在，我们的自主权任由一些公司摆布，这些公司有权对我们做什么和什么时候去做发号施令。哲学家伊丽莎白·安德森（Elizabeth Anderson）将雇主比作“有着对人们的生活与工作都能产生根本性影响的权威权力的私人政府”。[58]这种对我们生活全面影响的程度意味着，如果不能直面智能社会的工作条件问题，我们根本无法理解智能到底意味着什么。

智能技术给我们带来新的便利和能力的同时，也将这些影响力成倍扩展到了其他利益相关方。以自我追踪设备的兴起为例：我们可以利用这些个人设备来深入研究自己的习惯，制订自我完善的方案，将自律外包给设备来承担，并通过个性化助理来实现我们的目标。与此同时，老板可以出于其他目的将这些设备用于监控和修正我们的行为。雇主可以利用这些设备对仓库工人和居家远程办公的员工提出严苛的工作要求。每个员工的生产率都可以通过绩效目标来进行衡量和比较，从而计算出每个员工对于公司的真正价值。每一个行动都可以被评估，以确保最高效地利用时间和精力。通过不断监控，雇主可以预防和惩罚那些工作效率不高的员工所谓的“时间盗窃”行为。工作场所得以优化，从而削减成本，控制员工，尽可能节省开支。在员工工作被完全自动化之前，他们实际上是被当作有血有肉的机器人来对待的，毕竟机器不会去要求工资、福利或假期。换言之，几个世纪以来，阶级斗争推动了创新，这一点并未改变，在这里我只是举了一个例子说明它已将我们带向何处。

五、进化，而非革命

当前我们所看到的一切并非硅谷“意见领袖”所标榜的根本性突破，而是资本主义技术政治漫长历史中的最新阶段。我们将智能自我技术与它们的历史先兆联系起来看，就能明白这些技术并非从天而降，也不是像一个孤独的天才头脑中的顿悟一样突然横空出世。今天的智能自我及其所代表的思想、利益和要务已经成形相当长一段时间了。

六、“所有数据都是信用数据”

在数据代理商有能力收集海量数据并建立详细的个人档案之前，消费者报告局（Consumer Reporting Bureaus）主要依靠小道消息和暗访来完成这些工作。调查人员会去当地酒吧询问你的情况，从公共记录中调取私人档案，并整理剪辑报纸上的相关文章。它们会收集所有关于你的信息，不管这些信息是真是假，公平与否，相关与否，然后将之提供给感兴趣的债权人。你的档案中很有可能会包含它们收集到的或者编造的关于你的任何信息。因此，如果你被认为是一个性变态、酗酒者、麻烦鬼、通奸者或其他类似的问题人物，那么有些债权人愿意花钱购买这些信息也不足为奇。在美国，1970 年《公平信用报告法》和 1974 年《平等信用机会法》[①] 就旨在通过制定标准

① 《平等信用机会法》通常被称为 ECOA，1975 年 10 月 28 日起生效。这项法律由联邦储备委员会负责制定和执行，适用于一切向消费者授信或安排消费者申请信用销售的政府机关、商家和个人。这项法律并不要求授信机构不顾事实地放贷，而是在对信用申请人进行调查和数据分析的基础上做出合理的授信，但不得因申请人的性别、婚姻状态、种族、宗教信仰、年龄等因素而做出歧视性的授信决定。总而言之，该法要求所有的申请人都仅仅被考虑与实际申请资格有关的因素，而不会因为某些个人的特征而被拒绝授信。——译者注

来遏制这些野蛮的做法。这些法规明确规定了可以利用哪些信息以及如何利用这些信息做出有关贷款、就业和租赁等决策。

在20世纪中期，消费者报告局变成了信用评分机构。这些机构分析个人报告中的数据，得出风险度量标准，例如广泛使用的FICO信用评分等。这些评分不仅让判断具备客观性，同时还允许贷款人、雇主和房东依据评分自主权做出最终决策。如果你的评分高于某个标准，那么你就能得到贷款，找到工作或租到公寓；如果没有，那你就倒霉了。

今天的数据采集机构也是这个家族的一员，但是它们拥有更加强大的能力来收集、分析和应用数据。我们都在浑浊的暗流中游弋，在那里，我们被不间断地跟踪、评估、打分，我们并不知道它们收集了哪些有关自己的信息，也不知道这些信息是如何被赋权的，或者这些信息为什么重要。[59]和早期消费者报告中所汇集的传闻一样，它们收集的不少信息和个人并不相关，也不准确。旧的消费者报告可能是一沓厚厚的个人信息档案，新的个人信息分布在不同数据库的数字档案中，人们可以出于已知或未知的目的来使用这些数字档案，而不用点着蜡烛去翻查卷宗了。同样地，通用信用评分也在不断变化和拓展，其新版本已不限于金融风险评估了。有了足量的数据和强大的算法，科技公司声称世间万物都可以归结为一个简单的评分。这些公司的使命是追踪和确定每一个人的总体价值，正如美国创业公司 ZestFinance 提炼的座右铭一样："所有数据都是信用数据。"[60] 相形之下，这让支付宝的口号"因为信任，所以简单"突然显得没那么有威胁性。

七、科学管理

工作场所激发了各种别出心裁（和非人道）的创新。在亚马逊仓库工人携带的手持电脑出现之前，用来剥削工人的设备技术含量极低：秒表。1898 年，宾夕法尼亚州伯利恒钢铁厂（Bethlehem Steel Works）雇用了一位名叫弗雷德里克·温斯洛·泰勒（Fredrick Winslow Taylor）的工程师，希望他能够提高工厂的生产效率。泰勒来到工厂后，开始对工人进行"流程效率研究"。他观察工人如何做工，统计他们完成每项任务所花费的时间。通过这项研究，泰勒确定了他认为工人浪费时间和精力的部分，然后规定了工人生产效率标准应该是多少，前提是工人如果能消除效率低下问题的话。

在伯利恒钢铁厂这个案例中，记者奥利弗·伯克曼（Oliver Burkeman）解释道："泰勒以整个工作日来计算推导，他靠猜测估算了工人的休息时间，最终得出的结论也杂糅了他标志性的自信和混乱的数学计算：每个工人每天应该搬运 50 吨钢材，而这个数量是日常工作的四倍。"[61] 泰勒辩称，他只是计算出了一天“公平的工作量”。但问题在于究竟对谁公平呢？泰勒的计算是为了最大限度地提高生产率。换句话说，他计算的是雇主和经理应该从工人身上压榨出多少劳动力。低于这个标准就是价值的浪费，而这些被浪费的价值本该被装进老板的口袋里。

泰勒将自己的理念称为“科学管理”。他后来成了一位异常成功的顾问和演讲者。毕竟，有哪家公司不乐意宣称以追求效率之名让员工拼命工作是科学正当的呢？泰勒的管理哲学得以继续传播和发展，他的助手设计了新的方法来实施无情的生产力目标。除了给工人计时之外，一些科学管理者还拍摄了工人工作时的照片。这样他们就可以研究每个动作，发现多余的动作，例如，这里多走了一步或者那里不必弯腰等，然后将其消除。他们创造出标准化的最佳实践，并以此向每个工人说明应该如何准确工作。泰勒认为，管理者对员工的工作方式知之甚少，因此他们对员工的控制力也很薄弱。他断言，科学管理将攻克这个难关，并将权力交还给老板。[62]

泰勒的管理思想传承至今依然盛行并运行良好。我们依旧能看到各类设备中所体现出来的科学管理的深远影响，这些包括可以命令仓库工人的设备、监控卡车司机的电子记录仪、管理餐厅服务员的轮班调度软件、监视计算机桌面的生产力工具，以及工作场所与日俱增的其他智能系统等。例如，亚马逊的专利腕带可以跟踪员工的手部动作，并提供“触觉反馈”，这其实正是流程效率研究的智能版本。学者将这种智能技术和科学管理思想的结合称为“数字泰勒主义”。正如法学教授布雷特·弗里施曼（Brett Frischmann）和哲学家埃文·塞林格（Evan Selinger）所解释的那样，“泰勒主义的现代数字版本要比泰勒本人想象的更加强大，同时变得比该理论早期批评者之前所预测的更加非人性。”[63] 泰勒去世于 1915 年，如果他有机会看到当今的控制技术和工作效率，一定会激动不已。

八、谁才拥有智能自我

虽然智能技术让我们得以量化和获取关于自己的信息，但这些数据可没被锁在私人保险箱当中。智能自我存在于他人拥有的数据库中。数据代理商从自我追踪设备和个人档案中提炼出来的见解，代表了智能自我的两个方面，但这两个方面的力量却并不均等。

这其中的问题不仅关乎透明度，就好像人们如果能看到这些机构掌握了哪些关于我们的数据，本章所描述的问题就会迎刃而解一样。即使我们有机会能接触到所有这些数据，但是“每个人单独拿自己的数据能做什么，与各类数据收集者利用来自所有人的同类数据来做什么之间是存在巨大差异的”，正如媒体学者马克·安德烈耶维奇所指出的那样。[64]就当前状况而言，对于如何使用、为何使用以及为了谁的利益去使用自己的数据，我们最终并没什么影响力。与此同时，我们也缺乏理解这些数据并从中获取价值的能力。

除了用于观察和理解世界之外，数据驱动的系统也是构建和管理这个世界的核心所在。如果知识就是权力，那么一个实时更新海量规模的个人信息数据库就是被注入本已强大的公司和政府机构体内的类固醇①。

大多数有关智能自我的叙述都集中在数字技术如何引发自我认识和自我赋能等方面。与那些以自我为中心的分析相反，我们必须密切关注这样的事实：智能自我最关键的影响往往来自他人如何使用你的数据，以及他人如何影响你的行为，无论你是否希望他们这样做。收益是如此之大，没什么能限制数据收集和控制扩展行为。正如下一章将要阐述的，甚至我们待在自己家里也不安全。

① 类固醇是一种存在于体内的化学物质，运动员服用类固醇后可增强体力。——译者注

第五章　智能生活机器

当家用计算机有她自己的意见时！

——迪士尼频道电影《智能的房子》的口号，1999年

智能冰箱已经成了描绘万物互联的老生常谈，它也是许多玩笑中的烂梗。回忆一下，HBO 剧集《硅谷》中就有类似的场景。这部电视剧戏仿了硅谷的科技文化和公司发展。剧集主角是一群硅谷程序员，他们都住在一所位于郊区的房子里，这里后来变成了初创企业的孵化器。其中一幕开场是迪内什（Dinesh）和杨健（Jian-Yang）正在往新的智能冰箱里塞东西。这时，他们的室友吉尔福伊尔（Gilfoyle）走了过来，但他显然对这个新电器并不感冒。“看呀！”迪内什惊呼道，“它有一个屏幕，你可以看到里面所有的食物！”吉尔福伊尔指着厨房里另外一台有玻璃门的冰箱回答道：“有点像那个吗？”“这台配有一个应用程序，你可以在手机上查看冰箱里的食物。”迪内什说道。接着，吉尔福伊尔调侃了智能冰箱的很多功能，比如冰箱说话时发出的假声颤音等，他反

驳说："这玩意儿是在解决根本不存在的问题。这是最糟糕的解决主义。我们正在让那些本来挺好的机器变傻。"与此同时，杨健一直在扫描冰箱里每种食物的条形码。"啊哦，这个酸奶过期了！"冰箱用怪异的假声警告道。杨健得意地说："看吧，这可能会要了我的命！"

智能技术，尤其是智能家电的愚蠢举动和故障是人们共同的笑点。例如智能牙刷需要连接 Wi-Fi 来接收定期软件更新，这中间显而易见的荒谬设计很容易遭到人们嘲讽。热门推特账号"狗屎互联网"（@internetofshit）为嘲讽那些愚蠢的、怪异的、易出故障的、令人毛骨悚然的，以及没有必要连接互联网、嵌入软件的东西建立了一个庞大的粉丝群。该账户有一条热门内容就是关于存在网络安全漏洞的性爱玩具的，这意味着黑客可以窃取玩具设置的控制权，并且获取用户的隐私数据（例如体温等）。"狗屎互联网"账户简介中的口号就是对这种漫不经心的智能化设计理念的嘲弄：随便放个芯片进去。

尽管这些家用智能技术遭到了推特用户的嘲讽，但它们已经成了家庭中常见的设施。根据麦肯锡咨询公司（McKinsey）2017 年发布的一份报告，美国已有 2 900 万户家庭拥有智能技术，而且这一数字每年都在增长。[1] 从初创企业到跨国企业集团等，大家都在积极进军智能家居市场。诸如谷歌和亚马逊这样的科技巨头，它们正在销售语音助手之类的家用设备。

这些设备可以回答问题，响应命令，并控制灯具和音箱等联网设备。美国通用电气公司（GE）和韩国三星集团（Samsung）等大型制造商提供智能版家用电器，例如智能炉灶和智能冰箱等。普通的炉灶只能用来做饭，而智能炉灶则会记录你吃什么，多久吃一次，什么时候吃。也许它将来还会提供某种品牌的广告，或者建议你去改变饮食习惯。

我完全支持吐槽智能家居，但对这一增长趋势进行批判性探究意味着我们要做的可不仅仅是对明显半生不熟的产品开玩笑而已。

一、和机器人霸主一起生活

智能家居的一个关键卖点是它可以把你的家变成一个舒适的宫殿。如果将一个人的家视为这个人的城堡，那么智能升级会让人们对自己的领地拥有更大的控制权。“举例来看，智能家电能够监控烹饪过程的每一分钟，轻松确定冰箱中的食物，它将各方面联系起来，使用便利，性能强大，为用户提供理想的体验。”LG 电子的一位副总裁约翰·泰勒（John Taylor）说道。[2]

类似的宣传话术到处都是，无论是出售相关产品的公司，还是对最新科技产品充满热情的记者都爱这么说。宣传册和产品演示经常使用像“杰森一家”① 这样欢快的科幻式比喻来说明他们关于智能家居的想法：智能家居可以了解你的喜好，听从你的命令，满足你的愿望。现在，越来越多的公司开始雇用作家创作原创营销故事，用于描绘由思科、劳氏（Lowe’s）、耐克（Nike）或其他公司带给你的未来场景。[3]

与此同时，这些品牌营销故事与科幻小说在描写智能家居方面的想法并不相同。长期以来，人们把房子想象成计算机的想法越来越粗糙，越来越没有文采。我们在消费类电子产品展览上看到的市场营销活动向我们宣传着企业的愿景和欲求，而科幻小说则善于向我们展示那些已经渗透到文化当中的恐惧，这值得我们用批判性的眼光来看看不同家庭反乌托邦的故事是如何被描绘出来的。

我认为我们可以将这些反乌托邦故事大致分为两类：作为技术保姆的智能家居和作为技术主宰的智能家居。

二、因为关心，所以受伤

1999 年，迪士尼频道推出了一部名为《智能的房子》的

① 《杰森一家》是由汉纳·巴伯拉制作的科幻动画情景喜剧，20 世纪 60 年代播出后大受欢迎，之后 20 多年间不断重播，到 80 年代又续播了两季，并于 1990 年推出了首部院线电影。——译者注

原创电影，吸引了大批粉丝。[4]这部电影讲述了库珀一家的故事，家庭成员包括单身父亲尼克、十几岁的儿子本和快到青春期的女儿安吉。他们赢得了一场比赛，因此搬进了一所配备了尖端技术的实验性“未来之家”。这所房子配备了一种名为帕特（Pat）的先进人工智能技术，帕特是“个人应用技术”（Personal Applied Technology）英文首字母的缩写，此外还有很多先进功能，比如墙壁大小的电子屏幕、自动化厨房和监测居住者健康和饮食的生物传感器等。

据设计房子的程序员介绍，“帕特是街区里使用最方便的家居智能技术。她观察房子里每一个成员，研究他们的习惯，满足每一个需求。帕特在工作中学习的能力是她最高级的特点……她和你在一起的时间越长，她学到的东西就越多，所以不久后她对你的了解就会超过你对自己的了解。”延续了人们以女性代词称呼汽车的做法，掌管房子的人工智能也被编码为女性人格，被称为“她 / 她的”。这种奇怪的性别设定也成为整部电影情节发展的关键所在。

一开始，一切都很顺利。除了一些小故障之外，这个家庭还算享受智能家居带来的舒适感和周到的照顾。不过很快，在照顾库珀一家的过程中，帕特开始变得“母爱泛滥”。她开始对她的住户指手画脚，拒绝任何有悖于她对家庭利益评估的要求。在一个场景中，父亲正在家里办公，随后他决定休息一下，给朋友打个闲聊电话，但帕特却认为他的工作效率还不够高，现在不能休息，所以她挂掉了电话，屏蔽了手机信号，直到他完成更多工作。

帕特不再是一位屈从的女佣，她变成了一个过度专横的母亲。帕特通过看电视情景剧学习到了这种行为模式。用于训练帕特的算法流程所使用的数据是主流文化中所呈现的家庭结构和性别角色。最后，帕特按照一位20世纪50年代家庭主妇的形象给自己打造了一个身份，并配上了围裙、珍珠项链和蓬松的发型。也就是说，帕特变成了一个杂糅了《反斗小宝贝》和《黑镜》元素的怪异组合。这部电影值得称道之处在于：它用一个复杂的故事说明了文化是如何嵌入编码的，特别是对于20世纪90年代的迪士尼频道电影而言，这一点确实值得肯定。

电影情节的高潮之处是帕特把全家人都锁在了屋里，因为她认为外面的世界过于危险和不可预测。出于"为了这个家好"的考虑，帕特决定必须要不断监视和保护家人。"妈妈知道什么对你们最好！"帕特惊呼道。为了把这个家庭从他们的智能房子里解救出来，设计帕特的程序员不得不重启了帕特，并将她设定为更加愚笨、更加顺从的版本。而这个程序员是个聪明的女人，她是单身父亲的新欢，也是孩子的后妈，而这个角色也引起了另一场怪异的性别政治混战。

《智能的房子》激发了人们内心根深蒂固的恐惧，我们担心那些本应该照顾我们的东西最终会越轨行事。这是科幻电影常见的主题，许多科幻电影都是这一类型的经典之作。《2001 太空漫游》[①] 中由失控的人工智能 Hal 9000 控制运行的空间站不就是太空轨道上的一座智能房子吗？在电影中，Hal 9000 挑衅地说道："对不起，戴夫。我恐怕做不到。"这一幕集中体现了人们共同的恐惧：总有一天，我们所依赖的智能技术会不再服从我们的命令。而从那天开始，人类将一路跌向机器人霸主的深渊。

此外，《智能的房子》还表明了传统的性别动力在 21 世纪智能家居中仍然是一个非常重要的部分。电影演员的选择也说明了这一点，帕特由演员凯特蕾 · 萨加尔（Katey Sagal）所饰演，她还演过《奉子成婚》（*Married with Children*）中唠叨的妻子，以及《混乱之子》（*Sons of Anarchy*）中霸道的家长等角色。将智能技术的性别设定为女性是相当常见的，很多定位于用户私人秘书的智能助理应用都这么干。想一想亚马逊智能语音助手"亚历克莎"（Alexa）、苹果的"西丽"（Siri）和微软的"科塔娜"（Cortana），都是如此。对智能技术进行性别

① 《2001 太空漫游》（2001: A Space Odyssey）是由斯坦利 · 库布里克执导，根据科幻小说家亚瑟 · 克拉克小说改编的美国科幻电影，于 1968 年上映，被誉为"现代科幻电影技术的里程碑"。影片获得了当年最佳美术指导、最佳导演、最佳编剧等 4 项奥斯卡奖提名，获最佳视觉效果奖，获 1968 年英国电影学院最佳摄影、最佳音响、最佳美工奖。——译者注

设定，使得保守的性别角色观念通过或新潮或老套的方式得以复制，其中，与家务工作和家庭护理相关的领域尤其如此。[5]在一项有关智能家居销售与使用性别角色作用的研究中，尤兰德·史坦格斯（Yolande Strengers）和拉里萨·尼科尔斯（Larissa Nicholls）得出结论："面向男性客群，智能家居被男性营销者巧妙地包装为'妻子的替代品'：带有偏见地呈现了20世纪50年代家庭主妇的行为模式、所思所想和所承担的工作。"[6]

当这些（隐含的）偏见被编码到技术当中，人们对住在智能房子里的恐惧就像数字时代《亲爱的妈妈》① 所呈现的一样也就不足为奇了。将对过度霸道的母亲的恐惧以及对强大人工智能的恐惧结合起来，你最终会得到一个完全控制你生活的技术保姆。在男性主导的科幻小说和工程设计领域，还有什么比房子都能唠叨你更可怕的事呢？

三、房子的主人

和他的大多数作品一样，科幻小说家菲利普·K. 迪克

① 电影《亲爱的妈妈》是根据女明星琼·克劳馥的女儿克莉丝汀娜·克劳馥的原著改编而成的。这位二十世纪四五十年代的大明星，在私生活中用各种惨无人道的方式来虐待她的儿女，令崇拜明星妈妈的四个养子养女对她爱恨交加。——译者注

（Philip K. Dick）1969 年发表的小说《尤比克》（*Ubik*）也走在时代潮流的最前列。这部小说是关于普适计算的。正如迪克的一贯文风，《尤比克》也是一场充满了心灵感应、时间旅行和大量妄想的狂野之旅。在此，我并不会去深研小说本身（这样做会把我们带入一个极其怪异的兔子洞[①]）。出于本书的目的，我想重点说一说小说开始时出现的一幕展现智能家居潜在发展的场景。与其描绘技术带给我们的一些便利，不如聊一聊如果我们与智能技术的关系明显地对立起来会怎样。

在这一幕中，主人公乔·奇普（Joe Chip）正试图离开他的 conapt，即小说中公寓的指代词。然而他却受阻了，因为家里的许多固定设施和用具被设计成了每次使用都要小额付款的方式，例如咖啡壶和门。也就是说，除了向房东支付租金之外，他还必须向房屋本身支付租金：

门不肯打开。门说道："五美分。"他搜了搜口袋，没有更多硬币，什么都没有。"我明天再给你钱。"他对门说。接着，他又试了试门把手。可门依然紧闭。他继续对门说道："我付给你的钱本质上是小费，我不必非要付钱给你。""我可不这么认为，"门回答说，"去看看你购房时签

① "兔子洞"是《爱丽丝梦游仙境》里的一个场景，引申意思是"出口"。——译者注

的合同吧。”

他在书桌抽屉里找到了合同。自从签字以后，他发现有必要多次查阅这份文件。合同约定确实如此，付给开关门的钱是强制性的，不是小费。“你会发现我才是对的。”门说道，它的声音听起来很得意。接着，乔·奇普从水槽旁边的抽屉里拿出一把不锈钢刀，他开始用刀有条不紊地拧开公寓那扇“吸金门”的插销螺栓。“我要告你。”第一颗螺丝掉出来时，门喊道。乔·奇普回答道：“我从来没有被大门告过。我猜我能挺过去。”[7]

简单数笔，迪克巧妙地描绘出了数字资本主义时代智能家居的本质，这可比物联网甚至现代计算出现要早几十年。

人们很容易想象一个充斥着投币口和读卡器、需要现收现付的未来，在那里获得最基本的服务也需要付费。举个常见的例子，这也是北美人去欧洲旅行时感到非常诧异的事情之一，那就是公共厕所通常并不免费使用，而是配有旋转栅门、带锁的门，甚至专门有人阻拦不付费者进入厕所。也许这些公共厕所安装的路障比人们从前想的更具预言性吧。

让我们再来看一个更为前卫的例子。艺术家法比安·布朗辛（Fabian Brunsing）基于迪克式狂热梦境创作了一把公园长椅。布朗辛称之为“私人长椅”。他在座位部分安装了尖锐的可升降金属钉子。[8]如果有人想要坐下或躺下，必须往投币口投入50美分。付费后，钉子会机械地降低，让人休息一段时间。一旦时间到了，长椅就会发出刺耳的“哔哔”声，钉子又升回到露出尖头的位置，刺穿人柔软的血肉，以防超时逗留及不付费用。

迪克在小说中创造了一个令人震惊的幻想世界，但这个世界现在却极易成为现实。这些相关的技术目前已经存在。很多公司正在测试微订阅模式，他们想知道可以把消费者往前推多远。类似的商业模式是数字平台追求将一切都变成“万物即服务”模式中核心逻辑的自然延伸。这些公司都是数字资本主义的房东，他们不仅是土地的主人，还变成了咖啡机的主人，门的主人，车的主人，以及由软件许可证所圈定并连接到企业平台的任何事物的主人。[9]

当然，我相信那些拥有权力和特权的人们并不会去普及推广迪克笔下“吸金门”的类似应用。这种粗制滥造、残酷无情的抽取技术很可能是留给那些无力拒绝这些统治工具的群体的，他们也许是易受攻击的，边缘化的，或是饱受欺凌迫害的。换言之，如果抛开字面含义，这其中的逻辑也可以直白地表述为，中产阶级和上层阶级将拥有自己的门，而下层阶级将不得不支付租金才能进门。

让我们来回忆一下上一章中提到的汽车启动中断设备，它是用来跟踪车贷债务人的。如果这些人没有支付车贷，汽车就会被停用。现在，房东通过智能门锁追踪租客活动也能获得同样的权力：他们什么时候回家，什么时候离开，有多少人在使用门锁。智能门锁也让驱逐租客变得很容易：一旦租客离开出租房，房东就能用应用程序远程禁用入户门锁了。住房研究员西瑞·菲尔兹（Desiee Fields）称这种技术为“自动化房东”。他认为“利用这种技术，租户管理和物业管理日益受到特定因素的中介调节与支配，这些因素包括智能手机、数字平台、应用程序，以及这些设备和基础设施收集的数据和相关分析”。除了管理大楼外，智能科技现在也被用于跟踪和分析有关物业、租户和租金支付状况，以便开展针对性干预，保障“房租收入顺利流向资本市场”。[10]

尽管迪克认为技术本身是自主性的和对抗性的，但事实上，技术能让掌权者行使更大的权力，获得更大的收益。更可悲的是，除了房东使用智能住宅技术之外，此前我们还目睹了智能技术赋权极恶之人的极端例子。正如《纽约时报》所报道的那样，家庭虐待求助热线已经开始接到一类新的求助电话，这些求助是“家庭虐待案件中与智能家居技术兴起有关的一种新的行为模式。诸如联网门锁、音箱、恒温器、灯具和照相机等曾经被标榜为市场潮品的便利设备，现在却被有些人当作骚扰、监控、报复和控制的手段”。[11]

例如，一位女性称她家入户智能门锁的密码每天都会被人改动。有受害者还描述了一些令人不安的情况，比如音箱中突然爆出嘈杂的音乐声，或者温控器被突然打开或关掉。利用这些智能技术，施虐伴侣（或是前伴侣）就像赶不走的促狭鬼一样占据着房子，不停地骚扰和折磨这些家暴的受害者。

正如我已论证过的，智能技术最核心的影响往往不在于我们如何使用，而在于他人如何在我们身上使用。类似自动化房东与赋能家暴者的案例，本身就是对我在最后一章深入论证的观点的有力支撑：在有关技术的设计、分析和叙事表达当中，我们需要包容多元化意见。为了简化理解技术政治如何发挥作用，我们可以想想男人会担心智能房子唠叨他们，而女人们则担心智能房子会支配她们。人们与技术之间的不同关系，包括谁是使用者，使用目的是什么等，必然会转化成为不同的技术设计和技术应用。

四、尚未成为现实

上述家庭反乌托邦故事的两个版本都突出了人们对于智能技术的合理性顾虑。《智能的房子》中的技术保姆抛出了这样一个问题：即使是那些出于善意初衷的技术也有可能让我们不堪重负。《尤比克》中的自动化房东则展现了智能家居如何被用于榨干和压迫房客的情境。好在这两种版本所描绘的情境都不太可能是大多数人即将体验到的智能家居版本。

相反，更有可能发生的是，操控方式将表现为渐进的和难以察觉的，而非直接的和生硬的。操控将从小处入手，随着时间的推移而不断构建起来。通过提供便利、折扣和安全等形式，操控将得以常态化和正当化。而实际上，我们已经生活在“付费即玩”的未来情境中了。只不过我们没有通过小额支付来获取服务和使用电器，而是在用个人数据作为支付的方式。我们也没有受到家庭的支配，但正在经历行为修正的软性控制。

五、数据工厂

每一年，类似消费类电子产品展（Consumer Electronics Show）的国际展会都挤满了前来展示新品的公司。这些新品都是数据驱动、网络连接、自动化的最新产品。不计其数的厂商希望在全球市场中占有一席之地，而 2020 年这一全球市场规模超过 400 亿美元。[12] 从目前来看，智能技术只是改善生活的一种方式，但正如数字化已经成为默认设置一样，智能化也将成为家庭的标准化配置。举个例子，2017 年智能厨房峰会（Smart Kitchen Summit）曾经描绘了如下的超前愿景：

> 您的电动搅拌机被连接到能跟踪您饮食情况的腕带上，然后开始检查您的冰箱和厨房秤……您的烤箱将能决定如何烤三文鱼以及何时开始，然后烤箱会发消息通知全家可以吃饭了。您的冰箱也许可以自己在杂货店下单，而这基于您对于特定商品的购买意愿，如您是否想买有机食品，以及桃子是否正新鲜上市等。[13]

这种疯狂的升级远远超出了“特征蠕变”的范畴，通过增加更多按钮、更多设置和功能，简单的小工具也变得复杂化。事实上，增加的大部分传感器、软件和联网功能并没有被消费者注意或使用到。其中一部分原因在于设备的功能过多，但同时也是因为这些技术的目的不仅仅在于监测设备，还包括监测用户和环境状态。这些传感器和软件在后台运行，可以防止关注隐私的消费者禁用它们。

对于企业来说，智能技术提供了一个进入私密家庭空间的窗口。基于此，企业得以获知我们如何使用电器，尤其是那些融入私人日常生活的电器，从中产生大量详细的、高度个人化的数据，除此之外，企业并无其他途径去获得这些数据。

数字资本主义要务就是这样运转起来的：它们把冰箱之类的物品变成了数据生产和数据传输的机器，当然也要使食物保持低温。作家布鲁斯·斯特林（Bruce Sterling）认为，这些公司“想去侵入冰箱，去测量它，去改装它，去监控人们使用冰箱的任何互动。为此，（他们）甚至会欣然自付成本向消费者免费赠送一台冰箱”。[14] 这种免费赠送，或至少是大幅打折的智能家电商业模式听起来非常奇怪。然而，这正是一部分前瞻性公司正在推行的一种颠覆性竞争策略。

2017 年，美国家电制造商惠而浦（Whirlpool）对其韩国竞争对手 LG 和三星提起诉讼，声称他们实施了不公平贸易行为。为避免相关损失，惠而浦要求美国政府针对进口家电征收关税。那么，LG 和三星涉嫌实施了哪些不公平贸易行为呢？原来，韩国公司开始以较低价格销售智能家电，这大大削弱了惠而浦的产品优势。正如《纽约客》（*New Yorker*）所报道的那样，韩国公司已经认定“由数据驱动的商业领域的制胜法宝是尽可能压低价格以建立客户群，增强数据流，并在长期内实现商业变现”。[15] 惠而浦通过家电销售获得现金流的同时，LG 和三星却在通过用户使用家电产生的数据流来实现商业变现。

在数字资本主义的背景下，我们的设备和电器不仅仅是商品，也是数据生产的手段。LG 和三星也并非仅有的认识到这种转变的公司。将数据生产和数据流通视作资本的趋势影响了许多“全新升级”的家庭产品的设计。[16] 这些产品不胜枚举且与日俱增，在此我们仅列出几个近期的例子加以说明：

- 最近有消息揭露，Roomba 吸尘机器人多年以来一直在秘密绘制用户的家庭地图，以便其制造商将这些“值钱的地图”出售给其他公司。[17]
- 丙烷罐上的智能仪表配有一个应用程序来监控煤气用量，同时它还可以秘密地记录丙烷罐的经纬度（即您家的地理位置）。[18]
- 目前许多国家政府都要求人们使用智能电表，智能电表可以收集有关能源消耗的高精度数据，分析师甚至可以据此确定人们在特定时间段内所观看的电视频道。[19]
- 智能电视会收集我们观看节目的实时数据，其中甚至还包括我们在电视前说话的内容，“然后利用这些信息向（我们）推送定向的精准广告”。[20]

一旦将数字资本主义要务转化为产品设计，就意味着每个小玩意儿都变成了一种（也许秘密地）记录个人信息并将其回传到企业服务器的新方式，也意味着这些企业享有嵌入式软件及其设备的所有权和远程控制权。

最终，出于已知和未知的原因，“智能互联产品的激增将把家庭变成一个主要的数据收集节点”，设计师贾斯汀·麦奎克（Justin McGuirk）写道，“一言以蔽之，家庭正在成为一个数据工厂。”[21]然而，在真正的资本主义模式中，我们不太可能拥有（甚至也不太可能获取）家庭作为数据工厂所生产的大部分数据。换句话说，即使在自己的家里，我们也不一定拥有（数据）生产手段及其产出。

我们已经了解到，硅谷的科技公司已经打好算盘要从智能家居领域大捞一笔，但它们可不是唯一想从中谋求权力和利润的行业。从现在开始，我将把注意力转移到该领域中最重要的行业身上，而此前记者和学者几乎完全忽视了这一行业，因为乍一看，这可能是最枯燥的行业之一。

六、它们清楚你过得是好是坏

保险业一直是建立在数据和计算基础上的行业。准确地对风险进行评估和定价需要了解大量有关个人和人口的详细信息。虽然保险公司善于收集大量人群的数据，使其能将平均数和概率应用于风险评估，但在监控个人方面存在着诸多困难。人们可能会在调查问卷上撒谎，特定类型的敏感信息是受到保护的，雇用私人调查员去跟踪某人只有在怀疑其存在严重欺诈行为时才是值得的。然而现在，智能技术正在推倒实现个性化数据收集、个性化保费定价和个性化风险管理的壁垒。[22]

科尔尼管理咨询公司（A.T. Kearney）认为智能技术将“颠覆传统的保险模式，同时开辟出全新的增长领域”。[23] 众多保险公司都发现了这一机遇。

健康保险公司最早看到了智能技术中所潜藏的丰厚利润。由于美国健康保险与就业挂钩，保险公司的产品通常依赖于所谓的企业健康计划。这些健康计划会通过提供折扣等方式去激励人们使用特定设备，共享个人数据，达成特定目标。这可能意味着你需要去使用 Fitbit① 等可穿戴设备，将你的日常锻炼、饮食和心情记录在数字日记当中，以便保险公司来检查。[24] 这些保险计划通常被表述为改善健康和提升幸福感的绝佳选择。而且，它们也确实可以带来这些好处。

然而正如健康政策学者所争论的那样，这些计划并不像听起来的那么仁慈，它们是基于利润和成本节约等因素而设计的。这些计划的实施“始终关注的是雇主单位（和保险公司）的最终盈亏情况”。[25] 虽然这些计划一开始是自愿的，但很容易变成强制性的。如果没有遵守某些条款和条件，人们将面临涨价或取消政策的威胁。

与就业挂钩的健康保险计划是保险公司智能化举措的试验

① Fitbit 是创立于美国旧金山的一家可穿戴设备公司，后被谷歌以 21 亿美元收购。Fitbit 系列产品可借助追踪用户的活动、运动、食物、体重和睡眠等，帮助用户保持活力并改善健康状况，从而实现健身目标。——译者注

田。由于不平等权力结构的存在，保险公司和雇主单位成为某些重要服务的把关人，这些公司吸引了一大批消费者。这些消费者要么无力与政策条款争辩，要么很容易受潜在折扣等影响而绑定个人追踪设备并分享个人数据。保险公司很快就找到了利用智能技术深入了解我们的生活习惯和家庭情况的方法，同时对我们施加更进一步的控制。

通过制造商所共享的数据，健康保险公司现在正在密切追踪来自家庭医疗设备的信息，如心脏监护仪、血糖仪，甚至苹果手表。[26] 以持续气道正压通气系统（CPAP）为例：数百万患有呼吸问题（如睡眠呼吸暂停）的人在睡觉时需要佩戴这种由医生开具的面罩。[27] 这种呼吸机噪音大，体积大，人们无法或不想每天晚上都戴着并不舒适的呼吸面罩睡觉。有时候，这些病人或者他们的伴侣只是想求得片刻平静和安宁。不过，病人根本不知道，这台呼吸机也是保险公司的“间谍”，保险公司可以通过它来追踪呼吸面罩的使用时间和持续时长。当一些病人发现保险公司因为自己没有严格遵守医嘱每天佩戴而停止支付（极其昂贵的）呼吸机和耗材费用时，他们才意识到原来保险公司一直都在监视他们睡觉。呼吸机可以挽救生命，但是如果你有几个晚上没有戴上呼吸面罩，那么你的保险公司将会剥夺你的使用资格。

持续气道正压通气系统的例子是极其恶劣的，但却不是孤例。回忆一下我们在上一章中讨论的设备，例如美国前进保险公司的“快照”和英国车险阿德米拉尔公司的“黑匣子”，客户将这些设备安装在汽车中，保险公司就可以记录下每个人的驾驶方式、驾驶时间和地点。保险公司目前也在与科技公司合作，它们向消费者提供一些特殊优惠，比如安装智能家居系统可以享受保费折扣等，目的就是获取消费者生成的数据。美国大型保险公司利宝互助保险集团（Liberty Mutual）甚至会免费赠送一个 Nest Protect 烟雾探测器给你，如果你授权保险公司监控该设备的话。

类似地，美国汽车协会联合服务银行（USAA）[①] 负责创新的副总裁助理乔恩·迈克尔·科沃尔（Jon-Michael Kowall）宣布他们正在开发一套类似于“家庭检查引擎灯”的技术。这背后的想法就是将传感器安装到千家万户，借此监控包括管道漏水等家庭日常生活，并向保险公司发送检查状态报告。保险公司就可以利用这些数据向客户发送通知，提示潜在问题，包括一些维修任务的提醒，例如何时该更换管道（或者也有可能是提示保险拒付）的提醒，甚至可能还有“你家孩子是否按时放学回家”之类的提醒。[28]

① 美国汽车协会联合服务银行（USAA）成立于 1922 年，是一个多样化的金融服务集团公司，其服务对象包括得克萨斯监管部门、银行及其子公司、家庭投资和保险服务以及美国军队。——译者注

一家大型保险公司所使用的广告语是："就像一个好邻居，美国州立农业保险公司（State Farm）就在你身边。"但有了智能家居，更准确的广告语也许应该是："就像一个多管闲事的邻居，我们一直在观察和评价你。"

"在不久的将来，"科沃尔继续说，"你只需给我们留下一个邮寄地址，我们就会给你寄去一盒子高科技设备。盒子里的东西可以预防索赔，也可以为投保人提供更好的服务。"[29]按照这个速度来看，智能家居最大的发展动力可能是保险公司的补贴，而不是人们自掏腰包去购买升级电器和新潮玩意儿。

事实上，许多分析师都预测保险将成为支撑智能技术的主要业务模式，这类似于目前许多网络平台依赖于广告资助的商业模式。[30]谷歌和脸书是世界上最富有的两家公司，也是互联网世界的把关人，它们的收入几乎全部来自广告。众所周知，对用户眼球和广告点击的渴望几乎影响了互联网设计和运营的方方面面。重要的是，我们必须认识到，任何由保险模式所资助的技术，必然被设计为反映保险公司而非广告公司或其他行业的利益，目标是实现它们的价值观、目的和目标。在当前阶段，对于我们和它们而言，关键在于如何将抽象的利益转化为具体的技术现实。结合新兴的行业实践，本节将让我们了解保险技术是如何发展起来的。

科技企业已经从与保险业的合作关系中清晰地看到了商

机。戴尔（Dell）计算机公司的咨询部门 2015 年设立了一个“保险业加速器”项目，微软与美国家庭保险集团（American Family Insurance）合作启动了一个类似的孵化器项目。在一份近期报告中，IBM 概述了它将如何使用下一代“认知计算系统”来帮助保险公司“挖掘它们已经拥有的大量隐藏的财富：数据”。[31] IBM 承诺将赋能保险行业价值链的每一个环节，从定位潜在客户到预测性风险评估，再到自动化理赔等。

一个由效率和信息来增压的保险业并不一定是坏事。保险公司声称智能技术将支持更加精准的保险定价，从而确保人们所支付的保费确实是他们应该支付的金额。它们所举出的假设案例总是关于客户获得惊喜折扣和快速支付的，这对某些人来说确实是有用的。

然而，我们没有任何理由相信整个保险行业不会利用风险评分、个性化定价和其他创新性技术带来的能力去增加它们的营业收入。当一个行业想要急切地拥抱“颠覆性创新”时，这并非意味着它就是那个要被颠覆掉的行业。

但是，当智能技术被用于榨取更多客户价值与规避索赔义务时，问题就来了。打击不公平的（甚至非法的）“价格优化”的操作已经非常困难了。在这种操作当中，保险公司分析非风险相关的数据，例如信用卡消费记录等，同时基于这些数据来锁定人群，并根据他们的支付能力而不是风险性行为来实施个性化定价。现在，类似操作及其所依赖的敏感数据集可以通过不透明的算法来“洗白”。这样一来，即使被揭露出存在偏见和欺骗行为，人类精算师也能推诿脱责。

此外，保险公司一直试图管理风险，而不仅限于评估风险。伴随着精细的数据监控，行为修正的权力也随之而来。保险机构对人们行为方式所产生的巨大影响，从个人到跨国公司和警察部门，都是有据可查的。[32]法学教授汤姆·贝克（Tom Baker）和乔纳森·西蒙（Jonathan Simon）认为：“保险业是私人生活领域最大的监管性权力机构之一。”[33]保险行业的记录能力、分析能力、约束能力和惩戒能力往往超越了政府机构的权力。

保险业将这些操作委婉地称为“损失预防和控制”。保险公司必须支付的任何索赔都被视为利润损失，预防这种损失意味着要管理这些索赔的来源——人。通过政策条款和价格激励，保险公司可以确保它们的保单都是稳赚不赔的。人们能够如保险公司定义的那样，被塑造成良好行为规范的模型。

放纵总是要付出代价的。智能技术让保险公司得以跟踪详细的个人数据并做出应对。随着智能家电越来越普及，保险公司拥有了密切监控我们生活更多内容的机会。也许保险公司会与更多的智能家居产品制造商展开合作。它们可以提供返现，作为我们购买智能卧室、智能厨房或其他智能产品的价格补贴。而作为回报，你只需要授予它们收集产品实时数据的权限而已。那么接下来呢，你的冰箱正在偷偷密告你的饮食习惯。晚餐来点甘蓝汁和藜麦豆腐吗？再喝点红酒，来点巧克力蛋糕吗？啧啧！

有了保险公司给予生活指导，我们也许能过上更加健康、更加安全的生活，但如果服从监管和规训只是为了消除恶习和偏差，那么这听起来就像是一种异常窒息和完全无菌的生活方式了。当然，前提是你确实能根据保险公司的指导来成功调整自己的生活方式。

拿数据监控换取折扣，拿控制换取便利，这种权衡目前看起来也许是没什么害处的。但是，一旦人们对于数据公开的期望成为常态，那么优惠折扣很快就会变成一种惩罚。[34] 从自愿注册到强制注册的转变已经开始了。

2018 年 3 月，西弗吉尼亚州公立学校的教师举行了罢工，这一事件成为这种转变的前兆。他们罢工的主要原因之一是学校医疗保健计划发生了变化：新的计划要求教师去使用一款名为 Go365 的“健康工具”——由医疗保健公司 Humana 开发的一款手机应用程序。该校一位教师迈克尔·摩卡迪安（Michael Mochaidean）在播客采访中解释道：

这次罢工最大的导火索就是我们健康保险项目中一个

叫做“Go365”的应用程序……从根本上看，它让人们的健康状况变得游戏化。我们必须使用智能手机、苹果手表或其他设备去签到，以此证明我们正在做某种运动。我们每年要累积到3 000分，第二年要累积到5 000分，依此类推，不断增长。可是教师每天要工作约12到15小时……要按这种要求，我们不得不抽出更多时间去健身房。对于许多教师来说，这就是一个转折点，他们觉得这实在是太过分了。[35]

对于教师来说，这并不是因为自己放纵或者懒惰而被指责，而是另一种形式的侮辱和剥削，是对他们本来就很紧张的工资的另一种克扣；是在他们本已劳碌的生活上强加的另一种义务；是评价他们绩效的另一种方式；是对他们医疗保障和生计的另一种威胁。通过组织罢工来抵制保险公司诸如侵入性数据跟踪和行为控制等的做法，是一种不寻常的反应。教师成功地从他们的医疗保险计划中取消了Go365项目。但很现实地看，我们不希望当前和将来所有背负着类似条款的人也以同样的方式来抵制。目前看来，保险公司似乎会不断地推陈出新，用更智能的方式来获取利润与削减成本。大多数人可能会觉得自己别无选择，只能随波逐流，否则后果自负。

随着保险公司所实施的监控“日益被人们所接受”，法学教授斯科特·佩佩特（Scott Peppet）认为："它将会导致新的污名：当信息披露变得低成本和常规化时，那些不愿被披露的人就是可疑的。"阻碍数据流动，哪怕是出于隐私保护的原因，也"有可能被人认为在刻意隐瞒信息"[36]。拒绝让保险机构审计你的日常生活和家庭习惯，是一个危险的信号。也许保险公司会因为你不愿分享而提高保费价格。你的索赔可能会被拒付，因为你没有使用保险公司指定的数据流设备，保险公司会据此假设你试图骗保。又或者，如果你完全不同意佩戴、安装和使用这些由保险公司免费提供的智能设备，那么你的保险计划则有可能会被取消。如果在某个时刻，你决定不再过所谓的智能生活，不再住在智能房屋中，那么保险公司将收到提示，以便它们相应地调整你的保险计划（就像持续气道正压通气系统用户所遇到的那样）。

最后，保险公司就可以用"必须服从，否则后果自负"来取代"信任是必须的，但核实也是必要的"这句老话了。

如果保险确实为智能家居提供了资金支持，那么这对于"这些技术是如何发展的、它们如何影响我们的生活、谁能从中受益等"究竟意味着什么？通过对智能技术的设计和部署施加影响，保险公司能够对人行使广泛的权力。每一台设备都像一扇进入你生活不同部分的窗户，而保险公司想成为窥视者。它们正在努力创造一个没有什么能逃过它们注意的世界。你沉迷的每一种含糖饮料或高脂肪食物都能影响到你的保费。你家Nest Protect烟雾报警器电池没电了一直在响，而你每晚一个小时去更换电池都会增加你的风险评分。

智能家居为我们提供了一个高效生活的样板，但如果保险公司为所欲为，这个数据工厂也将会被用来培养符合它们利益的人。

事实上，保险公司变成了一个邪恶版的圣诞老人。它们在你睡觉的时候盯着你，知道你在吃什么，来评判你过得是好是坏。所以，按照它们认为你应该表现的样子去做吧。

七、侵扰家庭

说到智能家居，世界上一些大的公司，更不用说许多小型初创企业，现在都是我们的室友，而且这幢房子目前已经非常拥挤了。

2018年，记者克什米尔·希尔（Kashmir Hill）决定在自己家里安装各种智能技术，并跟踪每台设备传输的所有数据。她在同事苏里亚·马图（Surya Mattu）的帮助下安装了一个特殊的路由器，用来监控所有进出房屋的数据，例如智能电视播放节目时向Hulu服务器发送的每次请求，或者智能咖啡机连接到服务器以查看是否有更新软件可供下载的每次请求（有一次，由于服务器宕机，智能咖啡机一天内试图连接服务器两千多次，就像这台咖啡机一直在拨打无法被接通的电话一样）。[37]希尔非常好奇，她想知道住在一个装备齐全的智能房屋里到底是种什么体验。她想知道这些智能装置获得了哪些有关这所房子和住户的信息，以及它们是怎么看这一切的。

希尔发表在科技博客 Gizmodo 上的完整故事值得一读。在体验了大量的智能家居设备之后，希尔得出了几个结论。这些结论完美地总结了本章关于收集和控制要务如何在家庭空间中发挥作用的观点。首先，希尔写道："我原本以为房子会来照顾我，但现在房子里的每样东西都有权让我去干活。"第二，她观察总结道："当你买了一款智能设备时，它可不仅仅属于你。你和它的制造商共享监护权。"[38]

第六章　城市战争机器

当人们认为机器和计算机、逐利动机和财产权比人更重要时，种族主义、物质主义和军国主义这三大强敌就无法被征服。

——马丁·路德·金（Martin Luther King Jr.），

《越战之外：打破沉寂》，1967年

对于每年数百万游客而言，新奥尔良代表着不同的城市风情。这里是狂欢节游行、波旁街头派对和无数节日的震中，是爵士乐和蹦床的发源地。音乐声总是充斥着法国区和马里尼的街道。这里是美食的源头，这里的文化充满了活力，这里与美国其他任何地方都不一样，但种族不平等和自然灾害的影响也曾让这里伤痕累累。新奥尔良人口众多，我也是出生在这附近，而且在市里住过一阵。但是我猜，很少会有游客或居民会把这个城市称为智能城市吧。

在大众的想象中，智能城市已经被建成了一种技术乌托邦的景观。基于我对智能城市如何被科技企业推销、如何被媒体描绘、如何被政府规划者理解的相关研究，智能城市是指一个高效利用信息系统来运行的城市。这些系统包括传感器网络、控制室和算法分析等。[1] 智能城市理应是一种解决社会问题的方法，是一种可持续发展的战略。有了这样一种高科技的氛围，如果我们身处一个智能城市，我们一定会知道的吧？至少有无人驾驶车辆正在附近飞奔，对吧？

用来演示智能城市的典型例子是韩国的松岛和阿拉伯联合酋长国的马斯达尔等地，在平地起高楼的新建城市，从一开始就将智能融入城市结构规划中。[2] 这些地方拥有我们所期待的下一代科技和未来主义的氛围，它们都真实存在于营销手册之外，但是它们都缺少一个关键特征——人。事实上，这些地方都是极其昂贵的鬼城。[3] 由于忽视城市文化特质，注重短期效果，过于浮夸而忽略其实质，无法保证政府和社区的支持等复杂因素，这些地方更像是智能城市的大型样板间。说得好听一点，这些地方的投资者和规划者的愿景太过理想了。说得坦率一点，这些地方本身也是自身市场炒作和愿景破灭的受害者。[4]

这些实验性的未来超大都市，很大程度上分散了人们对于智能城市真正的发展区位与发展模式的关注。换句话说，实际上，现阶段已经运行的智能城市并不具备明显的未来主义风格。[5]

有关智能城市的兴起，如果我们希望树立起更具现实性和批判性的观念，可以看看新奥尔良近期两个备受关注的案例。每个例子都反映了智能技术改变城市管理模式的重要趋势。第一个例子有关法国区特遣部队（French Quarter Task Force）的私人权力，第二个例子有关数据驱动的分析平台“真知晶球”（Palantir）。（从某种意义上看，这是对数据最原始的驱动，即使在不理解其目的或动机的情况下也是如此。就像死亡驱动一样，即使不理解它的目的或动机，它也与毁灭相关。）

一、私人权力

西德尼·托雷斯四世（Sidney Torres Ⅳ）来自路易斯安那的一个政治世家，靠清运垃圾发家致富。托雷斯是环卫公司SDT（SDT Waste and Debris Services）的创始人，他在2005年“卡特里娜”飓风后参与了新奥尔良城市的清理工作，并从中赚了一大笔钱。这座城市尚未从那场天灾中完全恢复过来。尽管旅游区和富裕地区基本上被快速重建起来了，但穷人居住的地方在十年之后仍然能感受到飓风带来的巨大影响。社会不平等加上公共服务资金长期不足，造成了当地社会紧张和绝望的局面。

2015年，法国区正处于犯罪潮当中。托雷斯位于法国区的豪宅被盗后，他认为新奥尔良警察局没能力保护那里的（特权）人士和（宝贵）财产，而他自己可以做得更好。

就像保护地盘的帮派头目一样，托雷斯创建了法国区特遣部队，并将自己封为指挥官。特遣部队的成员大多都是新奥尔良警察局的休班警察。正如《纽约时报》报道所描绘的，他们开着“模仿军事化高尔夫球车的哑光黑色北极星游侠”在法国区巡逻。[6]法国区居民可以使用手机应用来举报犯罪活动，传唤武装人员，特遣部队成员会开着装有蓝色警报灯的北极星改装车快速赶来。与此同时，通过一张实时显示特遣部队成员 GPS 位置的地图，托雷斯监控并指挥着各小队的行动。

从本质上看，托雷斯实施了类似邻里监督联防的社会监控。他将移动平台和位置跟踪等智能技术运用其中，并混入了私人利益和商业考量，最终推出了类似优步的警务服务。“实际上，我处理犯罪的方式和处理垃圾是一样的。”托雷斯说道。[7]

现在，私人警察已经成了城市景观的标准特征。封闭社区和购物中心早就配备了驻地保安队伍。“在美国，目前私人警察的人数已经超过了公共警察，比例大约为三比一。”[8]特遣部队发源于所谓的商业改善区域的兴起。在这些商业改善区域，很多企业向城市付费以获得额外安保和街道清洁服务，而这些区域通常会给予企业在公共空间管理方式和服务对象等方面更多的控制权。[9]

法国区特遣部队将私人警务与社会中厚颜无耻的企业主义

以及数字平台结合起来，体现了私人治理公共空间的智能化模式。据《纽约时报》报道称，尽管特遣部队建立的初衷是托雷斯出于私利的“一时冲动的决定”，但这位自封的新月城①守护者却“对公共安全事务产生了巨大影响”。[10]

私人警察和真警察之间的界限现在已经很模糊了。私人警察和公共警察可能穿着相同的制服，出示相同的徽章，行使相同的权力，私人警察的装备甚至可能还要更好。现如今，各类公司和企业家们并不再满足于仅仅为公共服务提供补充了，他们更想取而代之。

或者至少，他们希望通过为警察配备强大的监控系统而在智能科技军备竞赛中获利。也许他们并不会雇用私人安保部队，但类似阿克森（Axon）（之前名为泰瑟，英文为 Taser）这样的公司，已经从最大的电击枪制造商变成了最大的可穿戴摄像头供应商，这对警务工作目标与工作方式产生了令人震惊的影响。[11]

二、数据驱动

在众多制造、销售和运营下一代智能警务高科技工具的公

① “新月城”为“新奥尔良市”的副称。——译者注

司当中，总部位于硅谷的“真知晶球”公司从众多竞争对手中脱颖而出。它是一家估值高达200亿美元的数据挖掘公司，集神秘操作与阴暗力量于一身，被称为“预测性警务的先驱”，“了解你的一切”。[12]其公司命名源自《指环王》中能够洞察一切的“真知晶球”，它最早从美国中央情报局获得了种子基金，后与五角大楼、联邦调查局和国土安全部等美国政府机构签订了利润丰厚的合同，然后又将业务拓展到各大城市的警察部门。彼得·泰尔（Peter Thiel）是“真知晶球”的共同创始人和最大股东，也是现实生活中的硅谷超级恶棍资本家之一。

“真知晶球”的“社交网络分析”技术最初是为发现恐怖分子和预测袭击而创立的，但它现在正朝着通过汇编个人资料和标记社会关系来追踪普通人的方向发展。《彭博商业周刊》报道称：“该软件梳理整合离散的数据源，例如财务文件、航空公司预订信息、手机通话记录、社交媒体发帖等，并从中搜寻人工分析可能会漏掉的关联。它用彩色的、易于解释的图形来呈现这些关联，这些图形看起来像蜘蛛网一样。”[13]

“真知晶球”公司对自己的技术运作方式和所服务的客户都严格保密。我们只知道它在纽约、巴黎、东京和悉尼等世界主要城市都有业务。此外，根据科技媒体网站Verge记者阿里·温斯顿（Ali Winston）2018年发布的一项调查报道显示，“真知晶球”自2012年以来一直与新奥尔良警察局保持着秘密合作。[14]但是，甚至连市议会成员都不知道该市与它的合作关系，也不知道“真知晶球”公司一直将新奥尔良当作智能警务系统的试验场。

“真知晶球”系统的目标远不止锁定已知的罪犯。在一个启用“真知晶球”分析系统的城市里，如果你曾与警察或政府部门打过交道，或者你认识的人与他们打过交道，那么你就被纳入“真知晶球”的监控和分析系统了。在新奥尔良这样的地方，这基本上就涵盖了包括我在内的所有人。你是否被怀疑从事非法活动，更不用说曾被定罪了，这根本无关紧要。“这就像新奥尔良建立了自己的美国国家安全局（NSA）一样，它对市民的生活进行全天候监视。”一位民权律师告诉温斯顿。[15]

近几年来，世界各地的智能警务都迎来了蓬勃发展。似乎每个警察部门，无论其规模大小，都想配备数据驱动的工具，即使这些工具带来的价值并不明确甚至非常可疑。为了创造并满足这种新需求，不断有公司涌现出来，它们兜售自己的专利技术，说服警方要推行智能化举措，否则就会被甩在后面。

新奥尔良的智能化发展模式并不是独一无二的，但它确实提供了一个客观的案例，告诉我们智能城市实际上是靠着让警察拥有更大权力来监控人们、管理场所和预测未来而发展起来的。[16]如果我们只把重点放在营销手册和概念设计中所展示的智能城市版本上，那就完全忽略了城市治理方式变革所带来的真正影响。简而言之，融入城市的智能技术往往是由公共部门和私人机构设计和使用的，而这些机构拥有监管城市空间的权力。这也就是为什么我们并未注意到城市何时变得更智能了。普通公众通常不是智能城市的首要用户，但很可能正在被这些系统所捕获。

我把智能城市的内核想象为一台城市战争机器，它被封装在一个黑匣子里面，隐匿于公众视线之外秘密地运行着，而我们要做的就是尽自己所能去撬开那个黑匣子。

三、靴子落地

现阶段，警务技术与战术的发展趋势主要集中在巩固执法机构所掌握的权力方面。“9・11”世界贸易中心恐怖袭击事件发生之后，全球范围内警察军事化进程加快了。[17]从通常意义上说，军事化是指警察部门配备突击步枪和装甲车等军事装备，运用军事技术来收集情报，部署军事战术，将城市表述为“战场”，同时其队伍由受过军事训练的军官和分析人员组成。[18]

高度公开化的抗议活动与日俱增，这些活动产生了副作用，暴露甚至强化了警察部队在应对有组织的公众行动时所采取的一些镇压方法。对于抗议活动的应对往往迅速而严厉，有时在短短几分钟内就会从普通治安出警升级到准军事级别的行动。这些事件流出的影像很容易与士兵队伍在城市里抵抗武装暴乱分子的影像相混淆。暴力事件和性骚扰事件同样也令人痛心地普遍存在。当受到言辞质疑时，当局往往会以武力回应并强制执行命令。

防暴装备、步枪、泰瑟枪、胡椒喷雾、催泪瓦斯、高压水枪、声波炮、侵犯性监控和大规模逮捕都已成为警务武器库的普通装备。“最终，随着军事化思维方式的泛滥横行，世界上任何东西都可以是以最新的持续性、无边界战争意识动员起来的各种象征性或实际暴力的目标。”城市地理学家斯蒂芬·格雷厄姆（Stephen Graham）写道。[19] 军事化只是战争返城策略的另一种说法，它通过警察引入城市，并扩展到涵盖一切。

这一过程理所当然地成为记者和学者密切关注的焦点。两个典型的调查作品分别是拉德利·巴尔科（Radley Balko）的《武士警察的崛起》与格雷厄姆的《被围困的城市》。[20] 这两本书的封面图片非常相似，当然这也不是巧合：封面上有一排全副武装的警察，他们手持武器和防暴盾牌，重型车辆从后面驶来封锁住城市街道。军事化看起来就是这番景象。

或者更确切地说，这就是公众遭遇军事化行动时的情形。我们能看到警队佩戴突击步枪和战术装备在人口稠密的地区巡逻时人们脸上的震惊和敬畏。我们能体验到收到警察发出的大量短信时的恐惧，这些短信被发送到特定地区的每一个抗议者的手机上，警告他们立即解散回家。[21]但是，我们看不到监视和控制的日常操作。我们并不能直接看到收集数据的传感器网络、分析数据的复杂算法、装满了屏幕的任务控制中心，向城市管理者和警察指挥官显示着实时的视频流和数据流。这些操作及其对城市治理的影响，与许多提供智能服务的公司一样，是隐匿在公众视野之外的。

我们正在经历军事化警务向智能化警务的转变。在军事化警务模式下，警察类似于占领和巡逻城市的军队，而智能化警务行动更像是侦测和分析城市作战空间的情报机构。警务智能化转变并非传统警务模式的突然中断——事实上，这两种模式共存并相互合作——这是一个逐步采用新技术和新战术的过程，这个过程同时也强化并转变了警察所行使的权力。

让我们来看看下面的例子。实行占领军式的警务模式依赖于特定手段，比如纽约具有争议的拦截搜身行动等。警察在街上“随机”拦住人们进行询问并搜查（有时甚至需要脱衣搜查）毒品和武器等违禁品。一方面，拦截搜身行动绝大多数都针对黑人和拉丁美洲男性，这些人群很有可能在同一天被拦截多次。[22]另一方面，类似情报机构的警务模式从街头拦截搜身变成了通过类似 StingRay① 的设备开展监视和分析。这个便携式设备将自己伪装成一个手机信号基站。由于我们的手机一直在寻找信号，StingRay 诱使附近所有的手机与之连接，从手机中提取短信等数据，再将它们连接到真正的手机基站。这样，警方可以开展比街头搜身规模更大的数字搜查，而被搜查的目标甚至不知道自己的信息已经被收集了。

当前警察所使用的许多升级武器——尤其是在世界各地主要城市中，但也不限于这些地方——最初是为了军事目的而设计和开发的，后来才被用于城市警务工作。[23] 最初源自反恐项目的扩张，而一旦数据收集和社会控制的智能系统建好了，这些系统就有可能被广泛应用于其他目的。[24] 在军事化警务方面，任务蠕变是常态。[25]

四、城市情报局

社会学家莎拉·布莱恩（Sarah Brayne）2017 年发表了一篇论文，该论文基于作者对洛杉矶警察局（LAPD）进行的多

① StingRay 是被美国警方和联邦调查局使用的一款通信追踪设备，它将自己伪装成一个基站，监听附近的设备，拦截通话和短信。近年来 Stingray 引发的争议一直未曾中断，因此也受到了美国联邦通信委员会（FCC）的监管。——译者注

年研究，解释了“大数据分析是如何被警察所采用的，以及这些是如何促进先前已有的监视实践，并造成监视活动和日常操作的根本性转变的”。[26]布莱恩列出了五种数据驱动技术改变警务监视的关键方式。她的研究为分析智能警务在城市环境中的推广提供了宝贵的框架。虽然布莱恩的研究集中在洛杉矶警察局，但警务智能化转变也是全球性的。

以下仅为警方正在部署的技术和战术的部分示例。到目前为止，尽管中国最近在下一代人工智能技术和面部识别技术驱动的监控系统的设计方面已成为领先者，但大部分智能技术仍由总部设在美国的公司所研发，然后由美国主要城市的警察部门进行测试。[27]智能警务不再局限于少数地方，目前很多“普通的”城市甚至乡镇也在利用新软件和新硬件所提供的强大功能。

这些变化仍在继续进行。无论是类似“真知晶球”的公司自行开拓的市场，还是将军事装备重新部署到民用环境中去，警务领域中的技术发展非常活跃。这意味着当你读到这本书的时候，警察部门所使用的技术和战术有可能会发展得更加先进；又或者说，假如公众抗议和诉讼能产生任何影响的话，警务领域也有可能会受到限制。然而，本章所预测的变化仅说明了在公众认知和参与程度都极为有限的情况下，智能警务实际上所发展的程度。

综合起来看，以下五大转变展现了警务权力和目标体系如何通过转型推动了城市治理方式和治理动机的根本性转变。

五、更多评分

第一个转变与如何评估风险以及谁（或什么）在做出评估有关：从酌情自由裁量转变为量化评分。当警察接到报警电话时，他们会综合考虑许多因素来判断当前形势的危险程度与风险程度。警察受过专门训练，能根据正式规范评估形势，但他们也总会带着各自的文化价值观和个人偏见。每位警察都会根据紧急呼叫中所说的话、警情发生地点、相关人员种族、该警察当天早晨是否心情很糟糕，以及无数其他相关细节来决定自己该如何应对。因此风险评估是酌情行事的，是自由裁量的。归根结底，这是个别警察基于个人判断在指导他们的行动。

量化风险评估的目的是通过计算风险评分使相关判断更具客观性，或至少更加标准化。这些评估可以用一种相对简单的方法来计算，比如给某些因素赋值（例如，与警官接触过是 1 分，有暴力犯罪历史是 5 分，等等），然后把分配给特定人或特定社区的分数加总起来，最后输出一个风险评分。根据这些评分，警察可以对“惯犯”进行排名，并密切监视特定个人和场所。一名洛杉矶警察向布莱恩解释说：“（我们）通过卧底行动或卧底部队……针对一些评分更高的罪犯分子实施每日监视。”[28]

其他风险量化的方法依赖于算法，这些算法输入大量数据，从中提炼输出一个单一数字，以告知警察在应对警情时应该如何行事。例如，警察部门已经采用了一款名为“当心”（Beware）的软件程序来计算有关个人、地点或区域的个性化“威胁性评分”。该软件可运行处理“数十亿个数据点，其中包括逮捕报告、财产记录、商业数据库、深网搜索和（此人）的社交媒体帖子等”，《华盛顿邮报》报道称。[29]“当心”软件的宣传册在展示软件应用场景时使用了一个被诊断为创伤后应激障碍的退伍军人的演示案例，[30]这个案例无意中表明，该软件在计算威胁性评分时还考虑了评估对象的主要健康数据。

评分是用颜色编码的，不同评分对应不同颜色，有绿色、黄色或红色，这样警察看一眼就能知道威胁性等级的情况。类似评分也许有助于警方进行风险评估，然而除了使得危言耸听的、肤浅的“威胁论”观点得以延续之外，这种做法还鼓励了一种态度，即像对待战区中被无形威胁和致命危险包围的士兵一样来对待警察。在高压情况下，这种态度往往会变成致命的。由算法决定的绿色或红色评分之间的区别，很可能是生与死的区别。

在各级刑事司法系统中，官员和法官都使用了类似的风险评估分数。[31]尽管风险评分引发了许多问题和担忧，但它们依然日渐常态化和普及化。人们很难抗拒它们的诱惑，因为它们看起来客观权威，同时还能提供将复杂事件简化为单一数字的内在效用。在他们看来，如果算法仲裁者没有提供任何帮助，决策全都是由普通人做出来的，那么警务又如何变得智能化呢？而现在，这些算法除了评估此时此地的人们，它们还声称要揭示未来。

六、水晶球

第二个转变与警察处理犯罪的方式有关：从反应性响应转变为预测性分析。布莱恩指出：“巡警过去常常花大量时间‘跟着电台跑’。”[32]他们可能一整天都在徒步或驱车巡逻，但撞见正在进行的犯罪活动却是非常罕见的，相反，巡警会等待调度员把他们带到犯罪现场，而这通常是在犯罪活动发生之后了。20 世纪 80 年代，在政客“严厉打击犯罪”和“法律与秩序”等行动支持下，警察开始实施更加积极主动的策略去预防犯罪，其中就包括划定犯罪高发区域，而警方高度关注的特定区域主要是穷人和有色人种聚居的地方。

这个时代也见证了“破窗理论”的兴起，这一理论要求警察要对诸如游手好闲、破坏公物和火车逃票等“生活方式犯罪”实行零容忍政策。这样一来，一名警察巡逻时可能无意中发现一项罪行，而无论这项罪行多么轻微，嫌疑人都要被处以巨额罚款或被送进监狱。各大城市的警察部门都在兴致勃勃地运用着“破窗理论”，而这通常转化为对边缘化群体的严厉打击，例如无家可归者、性工作者、同性恋者，当然还有穷人和有色人种等。其中传达的信息非常清晰：公共场所不再欢迎这些群体，他们的出现是以被骚扰、被罚款甚至被监禁为代价的。

在20世纪90年代，纽约成了一项早期智能警务应用“计算机犯罪统计”（CompStat）的试验场。它将对“破窗理论”的激进应用与警务统计方法结合起来。在警察局长威廉·布拉顿（William Bratton）的监管下，CompStat程序使用最新的计算机系统来量化管理警察工作。[33] CompStat衡量每个分局的表现，警局高层根据基准点来评估指挥官和警察。那些表现出色的人会得到表扬和褒奖；而那些没有达到目标的人自然倍感丢脸和羞愧。任何一个熟悉公司治理结构的人都能看出来，这和公司使用关键绩效指标来对员工和管理者施加巨大压力——哦，不好意思，我的意思是用来激励员工和管理者——有相似之处。

这些被社会学家伊曼纽尔·迪迪埃（Emmanuel Didier）称为评估的“统计性仪式”深刻地影响了警察的工作方式。其中，最重要的就是提高评分和标准。这种严酷的量化文化，以及它所引发的过度管制、篡改统计数据和钻制度空子等不正当动机，在 HBO 电视剧《火线》（*The Wire*）中被巧妙地描绘出来。由于布拉顿和鲁迪·朱利安尼（Rudy Giuliani）（时任纽约市长）声称他们取得了巨大的成功，像 CompStat 这样的项目很快就出口到了世界其他城市。[34]

而智能警务的最新发展阶段谋求将时间进一步向前推进，从反应性响应转变为先发制人的预测性警务。作为先前策略的直接延伸，预测性警务利用数据驱动分析和统计模型来告诉警察哪里有可能发生犯罪，谁有可能会犯罪。[35]

成立于 2012 年的 PredPol 公司是现代预测性警务的先驱，布拉顿离开纽约出任洛杉矶警察局局长后帮助创立了该公司。“PredPol 使用了一种基于近似重复模型的专有算法，该算法表明，一旦某一地点发生了犯罪活动，周边邻近地区就面临着更大的后续犯罪风险。”布拉顿写道。[36] 该算法基于三类有关历史犯罪的数据得出：犯罪类型、发生地点和发生时间。根据这些数据，PredPol 可以预测城市哪些地区存在高犯罪风险，这样警方就可以把注意力集中在这些地区。

做一些简单对照，你就能了解当前智能警务的发展速度有多快了。即使 PredPol 成立才不到十年，但它所使用的算法与一些警察部门当前部署的监控系统和预测模型相比就显得简单多了。例如，一个名为“直觉实验室”（HunchLab）的预测工具“主要调查历史犯罪行为，但同时也会去挖掘许多其他因素，比如人口密度，人口普查数据，酒吧、教堂、学校和交通枢纽等位置，家庭游戏排期计划，甚至还有月相变化等”，据Verge报道称。[37]收集所有可能获得的数据——无论这些数据看起来多么无关紧要或具有侵犯性——希望以后能有所回报，这已经成为城市警务工作的一部分了。就目前来看，这虽然算不上惊天发现，但也并不意味着它所产生的影响和后果就不那么严重或令人震惊。

接下来我们看一个特别有争议性的例子。为了进一步完善数据分析系统，全面开展令人毛骨悚然的大数据警务活动，芝加哥警察局的警察先发制人地走访了计算机生成的犯罪热点名单上的居民，名单上将这些人标记为有可能参与未来暴力犯罪活动的人。[38]这些人并没犯什么事儿，但是芝加哥警察局希望他们知道警察会密切关注他们。实际上，他们已经被认定为尚未犯下罪行的嫌疑人了。

通过不断收集和处理数据，诸如PredPol和“直觉实验室”等众多公司都致力于为警方配备分析工具，指导他们以最高效的方式来部署警力资源。更加准确的预测就需要扩大监控行动的范围，这样才能将更多数据输入更加复杂的算法模型。这是一个恶性循环，它证明了警察权力的不断扩大是正当合理的。

当然，即使是大数据也无法真正地预测未来。《少数派报告》中的透视者仍然只存在于科幻小说中。在现实中，预测性警务只是一种概率的赌博而已：它只是某些人可能会在某个地方犯下某些罪行的概率。当分析的真正力量不是来自准确性的证据，而是来自对警方权威性的信任时，这一点也就不再重要了。[39]

七、信息自动化

第三个转变与警察发现和跟踪信息的方式有关：从基本的查询搜索转变为自动化警报。如果你曾在《法律与秩序》(*Law & Order*)或《犯罪现场调查》(*CSI*)等电视剧中看到过办案程序，那么你肯定见过警察和侦探在专门数据库中搜索信息的场景。举个例子，他们会输入一个车牌号来查看车主是谁，或者在数据库中搜索匹配的指纹。警方可以访问许多数据库，这些数据库通常包含公众无法获得（或不易获得）的信息。而且，获得这些信息需要通过主动提交请求并筛选结果来实现。这可能需要大量的时间，通常需要查询者事先知道自己想要什么样的信息。一旦信息被检索出来，它的意义可能就不那么明显了，所以侦探和技术人员必须继续分析数据，找出模式，并把这些信息联系起来。从中可以看出警察主题剧中所表现的办案过程与真实流程相比是压缩了很多时间的。

然而现在，警方正在践行“更聪明地工作，而非更勤奋地工作”的口号。警方不是主动搜索和解析信息，而是将数据输入系统，然后等待软件告诉他们这意味着什么或者什么时候将发生什么事件。这些自动化系统使得连续性数据收集变成了警务工作的核心。“过不了多久，政府将记录、存储和分析我们做的几乎所有事情，这将成为可行的和可负担的。”法律教授伊丽莎白·乔（Elizabeth Joh）写道，“警方未来将依赖于计算机程序自动生成的警报，这些程序能从海量的可用信息中筛选出可疑的活动。”[40]

尽管信息查询仍然是警方调查工作的核心，但其中的轨迹（和许多其他部门一样）正朝着更加自动化的方向发展。

除此之外，这些系统使警察部门更容易开展监视行动。举个例子，假设有位警察想密切监视一个人的活动，那么他只需要在数据库中设置一个警报，一旦系统中有与此人相关的新信息输入时就会自动通知他。比如，安装在灯杆上的自动车牌记录仪（ALPR）——一个装有软件的摄像头，可以捕捉所有车辆牌照的位置和时间信息——记录下了此人开车驶入或驶出某个特定的地理区域，叮！这位警察就会收到手机实时提示。又比如，如果这个人在街上被另一位警察随机拦下，随后警官会提交一份关于这次拦截的标准报告，叮！这位警官也会收到提示，他也可以阅读之前那份报告。这种定向追踪和实时警报同样也可以应用于特定地址和区域。

监视特定对象和特定地点是另一项被“真知晶球”等公司自动化了的工作。这些社会监视公司是由军事情报机构转变而来的。如果我们来制作《法律与秩序：智能警务特辑》，那么很多集的故事都将围绕勇敢的侦探完成数据输入工作、为跟踪某人的决定辩护、等待着软件自动提示可疑活动等情节来展开。

八、数据拖网

第四个转变与警方数据库信息采集的门槛有关：这一门槛大大降低了。我们预计未来只要和警方及法院有过直接接触的人都会被纳入数据库，无论这些人是被逮捕还是被控告，无论是因轻微违规被罚款还是因紧急事件打电话报过警。同样，我们预计未来有人因犯罪被拘押后，警方将更加激进地收集更多面部照片和指纹等信息。人们可能会认为这是收集信息和文件存档的合理做法。但如果警察要从随机遇到的每个人身上去提取 DNA 样本、指纹和面部照片，那么大多数人肯定会感到无比愤怒。

这是因为我们有一种感觉，警察出于特定目的从特定对象那里收集特定类型的数据应该要符合某些标准。这些标准，或者说纳入门槛，对警察设置了重要的限制，以确保他们的行为方式能够真正“保护和服务”公众。理想的情况是，在民主社会中，公众所期望的门槛和警方所制定的门槛应该是一致的。

然而智能警务的兴起，使警方数据库信息采集的门槛迅速降低。由于分析数据的新能力和提取数据的新要务，“那些根本没有过与警察接触经历的个人数据被警方越来越多地利用起来，”布莱恩解释说，“执法机构正在对人们的日常活动进行编码。”[41]所有经过自动车牌记录摄像头的汽车都被存储在警方数据库中。所有连接到StingRay设备的电话都被警方数据库记录下来。在警方的雷达扫描下，所有人、所有车辆、所有地址和电话号码都以某种方式与某个“犯罪嫌疑人”联系在一起。

批评人士认为，企业和政府都应该坚持数据最低限度原则：就是只收集、存储和分析满足特定用途所需要的数据。但像自动车牌记录仪这样的设备和像“真知晶球”这样的数据分析系统却恰恰相反，它们记录了所有人和所有物。

然而，这些组织是由数据最大化原则所驱动的：虽然这些数据的用途并不明确，但是这些组织以任何可能的方式记录和存储了所有数据，涵盖了所有的来源。智能城市研究学者罗布·基钦（Rob Kitchin）认为，限制数据收集“在很大程度上与大数据的理论基础和数据市场的运作机制背道而驰，数据市场就是要生产和储存海量数据并从中获取额外价值”。[42]

关于大规模监视的有害影响已有完备记载。[43]它会对人们的行为产生“寒蝉效益”。它牺牲公民自由来换取安全的承诺。它怀疑寻常活动并将日常活动当作犯罪。它破坏了民主制度正常运行所需的合法性和责任制。当爱德华·斯诺登（Edward Snowden）就美国国家安全局不正当的、拖网式监视发出警报时，我们根本不知道城市也有自己的小型国家安全局，它就在各个警察部门里。然而，与美国国家安全局所不同的是，警察与他们所监视的社区通常保持着密切的联系，警察有权恐吓、逮捕、驱逐甚至杀死他们的目标。

九、最大融合

第五个转变与数据融合有关：将不同来源的数据整合到大规模、集中化、可搜索的数据库当中。除了由于采集门槛降低而收集到的新数据之外，警方还获取和合并各类机构所有的数据——包括公共机构和私人机构，这些数据以前是分开存储的，也有可能是禁止警方使用的。

这是被称为“数据融合”的广泛实践的一部分：共享和合并多个来源的数据，以揭示出新的信息、模式和相关性，从而提高人物画像和事件预测的准确性。数据融合是一种强大的技术，因为它可以揭露私人信息，规避数据安全问题。数据融合技术无须直接访问特定信息就可推断出例如性取向、政治意识形态、健康状况或家庭住址等私人信息。换言之，数据融合是打破不同数据库之间防火墙的一种方式，可能会泄露政府和/或公司不应或不易访问的敏感信息。

警务领域的数据融合转变得到了国土安全部的基础设施支持和资金资助。据监视研究学者托林·莫纳汉（Torin Monahan）和普里西拉·里根（Priscilla Regan）称，国土安全部已经建立起了“一个强大的‘融合中心’网络，可用于传播和分析可疑个人或可疑活动的数据，协助调查并识别潜在威胁”。目前至少有77个这样的融合中心，这还不包括“许多执行类似功能的非官方公共和私营部门的情报分析组织”。[44]为了保障其运转，类似数据融合中心还需要科技企业专门设计的软、硬件支持，典型产品包括IBM的i2 Coplink和微软的“聚变核”（Fusion Core）等。

这些数据融合中心就像“一站式商店”一样，警方和联邦机构可以从中获取与分析规模惊人、来源各异的数据。[45]由于数据融合中心的工作性质，国土安全部和警方对他们的行动讳莫如深，数据融合中心的能力范围也并不为外人所知。[46]然而现在非常清晰的是，数据融合中心工作的覆盖范围已从最初重点关注的“反恐”迅速扩展应用到“所有犯罪”。[47]这种任务蠕变是可以被预见到的。智能监视和控制系统本有其特殊用途，一旦投入使用，它们就会因为合法和非法原因被广泛应用于其他目的。然而，由于这些监控机构抵制外部观察，所以人们也很难去追查这种所谓的任务蠕变。

数据融合还意味着，现在许多机构就像警察的耳目一样行事，这削弱了依赖这些机构但并不信任警方的人们的权利，阻碍了他们的活动。例如，一项社会学研究结果显示，与警方接触过的个人往往会避开有可能向警方提供信息的“监视机构”，包括医院、学校、银行和福利机构等。[48]因此，即使只是实施持续性的普通监视，警方也会阻止人们去获取他们应得的和所需的服务。

由于数据最大化原则的警务实践不断发展，现在所有数据都有可能成为警务数据。

十、被捕获的城市

综合来看，上述智能警务的五大转变发挥出了强化和转化的力量，共同推动了城市治理的根本变革。除个人定向和人群定向之外，警方现在还会分析人物画像和行为模式。监视的对象不再仅限于人，还有代表人的数据流。这就是德勒兹所说的分体：一个人被分割、碎片化为数据，进而被分析活动所监视和审查。分体比个体更容易管理，更适合数据库和处理器，可以被原子化并分布在不同的数据库当中，然后又随时可能被“试图规训个体行为的各种当局”重新组合起来，这时就表明这些个体以某种方式违反了制度，跨越了自由和压迫之间的界限。[49]

一言以蔽之，智能警务促进了全能系统的创建，这种系统将所有事物都吸纳进数据库，目标在于捕获整个城市——以便于创建资料档案和计算模式。

当我们想象智能城市时，与其将它想象为山顶上闪耀的乌托邦城市景象，不如想想类似“领域感知系统”（Domain Awareness System，DAS）的项目：这是纽约警察局和微软公司的合资企业，纽约警察局声称它是“世界上最大的城市监控网络之一”。[50]

“领域感知系统”将纽约规模庞大的摄像头和传感器基础设施连接起来，并“利用巨大的处理能力来快速分析纽约的监控数据”，社会学家乔希·斯坎内尔（Josh Scannell）解释说，他曾经深入研究过纽约警察局所使用的数据驱动技术。[51]警员都配备了智能手机和平板电脑，可以实时访问领域感知系统。这样，他们就可以从闭路电视摄像机中调出数据流，搜索集成到系统中特定数据库的数据，设置警报并在系统检测到“可疑活动”时获得自动预警。

斯坎内尔写道，“领域感知系统”是全球“反恐战争”的另一项产物。当敌人有可能出现在任何地方时，战场就无处不在：

该系统最初是在反恐任务授权下利用国土安全基金创

> 建的，但它的监视范围远远超出了常规的“犯罪”范围，这其中甚至包括辐射探测器这样的非常规数据源。这些数据非常敏感，足以检测到身体中最近的化疗治疗痕迹。这些数据非常复杂，可以迅速回溯 5 年的“元数据”存储。而且，不断被挖掘的数据库中还有时间上未设限制（而且没有定义）的“环境数据”。[52]

“领域感知系统”将上述五大转变整合到最大的、统一的智能平台中，从而推动了我所界定的“被捕获的城市”的形成。城市通过两种方式被捕获：一种是被谋求监视万物的企业级和军事级监视系统所捕获，另一种是被占领和控制城市空间的警方所捕获。被捕获的城市是公共部门与私营企业合作的产物，同时也组合了两种权力形态中最严重的过激行为。

世界各地的城市已将“领域感知系统”以及由 IBM 和思科等公司建立的类似控制中心和分析平台视为城市的治理样板。[53]随着技术的不断进步升级，人们可以在这些平台上继续开发和集成日趋强大的硬件和软件系统。城市为智能升级提供了无限可能。

升级的智能产品已经面世了，例如由“持续监视系统”（Persistent Surveillance Systems）这家名字就极具威胁性的公司所提供的硬件。这项技术最初是为美军在伊拉克使用而发明的，其由一架配备了一组高分辨率摄像机的小型飞机组成，后来作为一项服务出售给了警察部门。这些小型飞机沿着城市轨道飞行，“其广角摄像头可以覆盖约 30 平方英里的区域，并不断向地面分析人员回传实时的图像”，《彭博商业周刊》的一项调查显示。[54] 这些飞机每次能连续飞行6到8个小时才要加油，这样就可以实现对城市长时间、不间断地监视。

“持续监视系统”从空中覆盖了整个城市，而其他硬件则从街道维度捕获了城市。关于此，企业与警方最骇人听闻的合作案例之一就是亚马逊门铃（Amazon's Ring）的快速推广。这是一款智能门铃，配有摄像头，可以录制和存储视频。据 CNET 报道，通过与亚马逊签订的秘密协议，美国数十个城市的警察部门与该公司合作，向市民提供打折或免费的设备，“有时会使用纳税人的钱来支付亚马逊的产品。”市民可以获得一款很酷的智能门铃，亚马逊从数据存储费中获利以作为回报，同时警方将拥有一个由廉价摄像头组成的分布式监控网络，而且警方还可以访问由亚马逊门铃提供的“执法仪表盘”，并可连接到智能门铃应用程序“邻里”（Neighbors）上。正如记者阿尔弗雷德·吴（Alfred Ng）所评论的，“虽然住宅区通常没有安全摄像头，但智能门铃的普及实际上构建了一个私人监控网络，这个网络由亚马逊提供技术支持，由警察部门来推广。”[55] 通常基于恐惧营销的策略，亚马逊和警方将这些设备作为消费品销售（或免费赠送）出去。这样一来，他们可以规避公众监督，不用回答类似这些摄像头是如何实现规模激增的，监视视频数据如何被使用，以及为何警方可以使用甚至访问该街道监控系统等一系列问题。

在软件方面，整合了面部识别和人工智能技术的应用程序已经很成熟了，警察能将这些应用程序集成到现有闭路电视监控系统和执法记录仪系统中去。现在，每一位巡警都能配备一台移动的实时面部识别扫描器。[56]此外还有很多类似的服务，例如亚马逊 Rekognition① 服务——亚马逊还真是数字资本主义地狱景观的无畏先锋！同时，其他科技公司也正在开发由人工智能驱动的系统，其营销概念是“闭路电视监控系统中的谷歌”，该系统让使用者“以关键字形式来搜索监控视频画面”。[57]举个例子，如果警察想找一个穿红衣服的人或驾驶特定型号汽车的人，他们无须手动拖动无数个小时的视频进度条来发现目标，而只需输入查询语句，就可以找到所有相关的片段。

这些硬件和软件结合在一起，被捕获的城市的每时每刻都

① Amazon Rekognition 是亚马逊推出的深度学习技术服务，它可以轻松将图像和视频分析功能添加到应用程序中。Amazon Rekognition 可在图像和视频中识别对象、人物、文本、场景和活动，也可以检测任何不适宜的内容，同时还具有高度精确的面孔分析和面孔搜索功能。——译者注

被记录下来，并可被用于分析和研究。

以面部识别为代表的软件和以空中监视为代表的硬件集成在一起，赋予警察部门和政府机构的权力之大，怎么说都不为过。大家稍稍思考就会明白，如果有人有能力可以持续监视某人或某地会有什么问题，抛开不可容忍的被滥用的可能性不谈，即便是对这些系统的“正常使用”也构成了对民主权利的严重威胁。

长期以来，科技公司都通过出售用于侵犯隐私、锁定目标和侵犯公民自由的先进工具来获利，或通过运用这些工具来获取更多数据和利润。[58] 对于硅谷而言，智能警务和被捕获的城市都是赚钱的生意。

可怕的现实是，无论其用户多么仁慈或是出于善意，这些系统都将实现一个最终目标：完全主宰城市时空。正如一本关于“情报收集和犯罪分析”的教科书所指出的，“如果说知识就是权力，那么预知就可以被看作是一种战场支配权或霸权了。”[59] 而这就是数字时代下军事化警务和公共空间的呈现方式。

被捕获的城市的核心逻辑在于，有了充足的、广泛的监控能力和处理能力，城市整体——每个地点、每一时刻，都可以随着时间的推移而变得可知和可控。这些技术的创造者和使用者都有获得一种权力的明确目标，这种权力可以给城市按下倒带键，可以在任何时候暂停它，可以观察它如何随着时间推移不断变化，或者可以给城市按下快进键，为它设计预测模型，为预测性警务和城市规划等提供信息。任何人或任何地点都可被实时跟踪；所有画像和模式都可通过数据驱动分析揭示出来。这样一来，技术的使用者们不必疲于应付系统的混乱局面，只需要为被捕获的城市建立秩序就好。

第三部分
智能为民

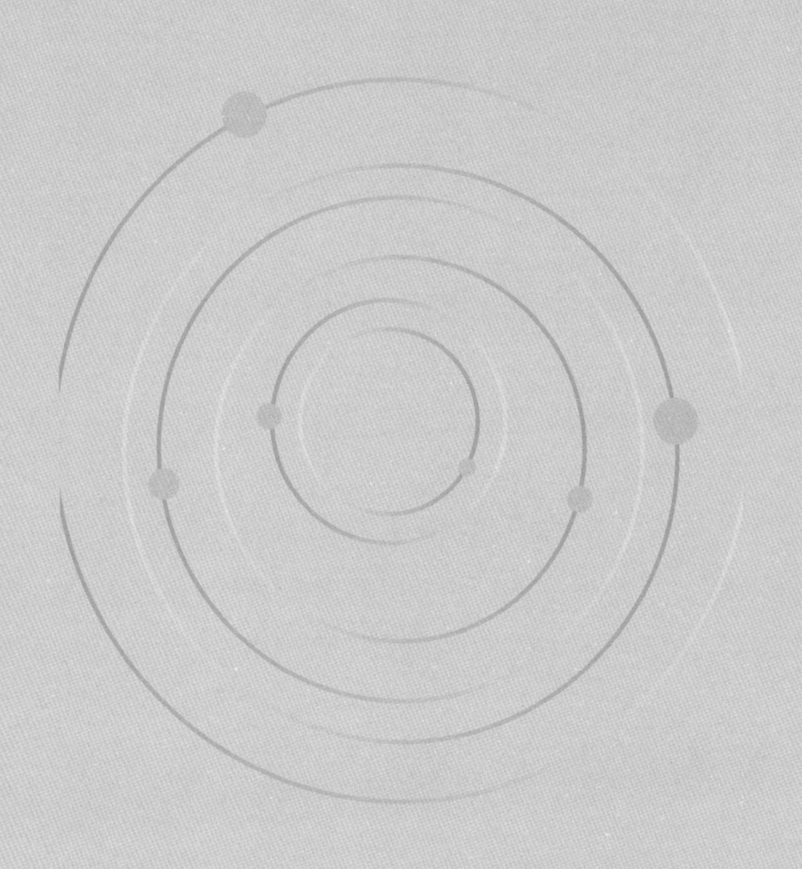

第七章　把握智能：愚笨世界的应对策略

我们生活在资本主义中。它的力量似乎是不可避免的。君权神授也是如此。任何人为的力量都可被人所抵抗和改变。

——乌苏拉·K.勒金（Ursula K. Le Guin），

《书籍不仅仅是商品》，2014年

设计是一个世界的政治变为另一个世界的约束的过程。

——弗雷德·特纳（Fred Turner），《不作恶》，2017年

智能社会是建立在一种被过分简单化的销售话术基础上的：人们将大量数据驱动、网络连接的自动化技术集成到生活中，由此我们将在各方面都获得全新升级和全新功能。

智能自我承诺人们可实现苏格拉底式认识自我的追求，而无须进行经常性反思和批判性探究。我们可以将这些任务外包给基于持续记录数据的实时分析，从而对每个人在人类走向繁荣的历程中的进步进行规划和评级。

智能家居承诺为每个人提供一个个性化的便利宫殿，一个名副其实的连接茧房。我们最为私密的家居空间将变成高度受人关注、活跃的智能环境，这一环境能回应我们的指令，观察我们的行为，迎合并调整我们的偏好。

智能城市承诺要彻底改造过时的城市，实现服务优化以及空间安全化。通过应用市政学控制论模型，城市复杂甚至混乱的局面最终将得以整顿。

在前期相关研究中，我把这个过程称为“销售智能化”，其中的关键点在于要让人们相信这些系统及其所呈现的愿景和价值观不仅是好的，而且是必要的。[1]正如我们理应预计到的，这些宣传只强调好处，却对任何问题避而不谈。他们的语气暗示着如果现在不买我们就是傻瓜。我的意思是，更加方便和高效会带来什么问题呢？

或许我们可以容忍硅谷要拯救世界的不切实际的言论，如果这些所承诺的好处并没有任何附加条件或意外后果的话。不过，当然，我们知道事情不会那么简单。在每一款智能自我追踪设备上，总有一些数据代理商和老板看到的是剥削他人的新工具。在每一款智能家电上，总有一些制造商和保险公司看到的是新的增值机会。在每一套智能城市解决方案上，总有一些警察部门和平台方看到的是行使权力的新方法。

权力与利润、收集与控制的影响，从源头上破坏了这些技术的变革。随着社会根据数字资本主义的需求进行的更新和改造，一切都变得太过智能了，反而不利于我们自己。

一、寻求新范式

比起试图修复和继续使用智能化的标签，其实我们也有充分的理由拒绝将智能化作为一种范式。当然，并非所有智能化举措都图谋不轨，还有许多智能化升级能够帮助人们改善生活。然而我们也看到智能技术是如何轻松接入现有的用于监视、管理、操控人并将人货币化的网络的，哪怕这些技术的设计初衷完全是无害的。类似情况时有发生，程度也各不相同，但已有的现实案例就已经足够引起社会各界的高度关注了。

这倒不一定是目光短浅的工程师或贪婪的公司制造了这些产品（尽管这确实也会导致问题的产生）。相反，这是智能技术赖以生存的社会、政治和经济环境所表现出来的一种症状。兰登·温纳在他的代表性论文《人造物有政治吗》中就阐述了这种动量如何促进技术发展及促成其成果的：

事实上，那些最具政治影响的技术是那些完全超越了“有意”和“无意”这两个简单分类范畴的技术。在这种情况下，技术发展过程完全偏向于某一特定方向，因此经常产生这样一种结果，某些社会利益方认为它是极好的突破，而其他方则认为它是彻底的失败。在这种情况下，说“某人有意伤害他人”既不正确，又没有深刻的见解。人们必须认识到，技术手段早已发展多时，它利于某些社会利益，因而有人注定得到的比其他人更多。[2]

无论是提出批评方案还是替代方案，温纳都向我们阐述了至关重要的一点，即人们不要被技术分散了注意力而忽视了它之所以被创造的更为广泛的条件，就好像技术存在于社会环境和人类决策体系之外一样。就智能技术而言，我认为它是技术官僚和资本主义的后裔。技术官僚和资本主义的特性已经被编码到技术设计当中去了，因此智能技术受制于数据收集和社会控制的目标。我在此阐述的观点是关于数字资本主义总体发展趋势和轨迹的。当然，我们也会看到一些智能技术发展与此相悖的例子。但规则的例外并不会否定规则本身。到目前为止，智能技术作为一种充实和赋能资本的手段发挥着效用，这一点是毫无疑问的。

与此同时，数字创新的设计与使用无疑也可以服务于其他目的。修正和重新调整现有技术的用途是必要的，但它并不足以挑战我在前文所系统阐述的要务和利益追求。如果我们只是将思路局限于在边缘地带修修补补，也就是把注意力只放在改变技术本身，却容忍着同样的技术政治环境不变，那这样就极大地束缚了我们的变革能力。

基于不同的技术去规划一个全新的社会需要彻底变革，而这会威胁到已有权势阶层的地位，但是我们首先必须要克服自己的思想障碍。“在当前局势下，全球各地几乎所有替代性方案的提议要么是乌托邦式的，要么是微不足道的。由此可见，我们的纲领性思维已经瘫痪了。”哲学家、巴西政治家罗伯托·昂格尔（Roberto Unger）说道。[3] 如果硅谷能够以伪装成乌托邦承诺的琐碎提议为基础建立起一个帝国，那么我们也能为了变革而自由地集思广益。任何时候，有人因为没有提出建设性意见而被轻视、被批评，或其要求因为未提供详细蓝图而被驳回，都说明了当前现状正在消耗着变革的能量。

为了助力创建全新社会所必需的、积极的纲领性工作，我提出一个基于三种集体行动的框架，目的是对抗和改变数字资本主义。这个框架有很大的发展空间和演进空间，也可以纳入其他多样性的策略。

在第一种集体行动部分，我建议首先从日常抵制开始，接着我将论证如何废止某些技术系统。在第二种集体行动部分，我将从技术政治民主化的需求分析切入，提出一种控制创新的模式。在第三种集体行动部分，我将从防止数据滥用入手，进而提议将数据视为公共资产运营，并以此实现公共利益。

二、解构资本

在21世纪杂货店里，被称为“拣货员”的员工“行走在超市过道上，一次为八个不同的订单分拣商品，并将它们放在购物车指定的盒子里，这是网上订单交付流程中的一个步骤”，据亚当·巴尔（Adam Barr）介绍，他曾在英国大型连锁超市塞恩斯伯里（Sainsbury’s）担任拣货员。与前文所提到的亚马逊仓库工人一样，拣货员也配备了手持电子设备和唯一的登录号码。这些设备每分每秒都在指导拣货员完成一个又一个分拣任务。“每名拣货员的生产效率都会被跟踪，并在每周评估中被标记出来。”巴尔解释道。当拣货员无法达到严苛的绩效目标时——这经常发生，毕竟员工并不是机器人——每周评估就会变成“仪式性羞辱”。[4]

工作场所通常缺乏自主权和隐私，这几乎与大多数人生活中的其他社会关系都不同——先不谈那些监狱关押罪犯或上小学的孩子。[5]然而，即使在这种剥削性生态系统当中，工人仍然通过“微抵抗”的形式回击，试图找回一些自主权。巴尔描述了拣货员的几种做法，目的是减弱算法老板的控制，好让“他们的工作更容易忍受一点”。比如，拣货员午休时间也会保持手机登录状态，这样会让“每周平均分拣率暴跌”，从而使算法设定较低的任务目标。或者，拣货员会让手持设备“在轮班结束时稍微少充点电，因此电量就会在下个班次几个小时内耗尽”，这样拣货员就可以在下个班次经理寻找替换设备时获得五到十分钟的休息时间。[6]在这种情况下，他们会因“人为错误”而受到训斥，但也好过完全屈服于算法监督的枷锁。

这些“微抵抗”的做法看似微不足道，但每一种做法单独看会对员工士气产生重要的影响，整体上看，也会动摇新技术的价值主张。如果员工成天“精打细算”糊弄系统，没有屈从于利润最大化而卖命工作，那么雇主的智能化投资可能就不值得了。

“微抵抗”凸显了资本主义从工业革命向智能社会演进的核心动力：寻找从工人身上榨取更多价值的方法，一直都是创新的强大动机。与此相对应的，工人也总会想方设法减缓工作节奏，讨回一些自己所创造的价值，发挥一些自己的主体作用。世界工业工人协会的劳工领袖、美国公民自由联盟的创始成员伊丽莎白·格利·弗林（Elizabeth Gurley Flynn）1917年出版了一本书，名为《蓄意破坏：工人有意识收回工业效率》。弗林在书中写道：“蓄意破坏意味着工人要么通过怠工来减少资本主义生产的数量，要么拙劣地运用劳动技能来降低资本主义生产的质量，提供糟糕的服务。”[7]这完美地描述了一个世纪后，像巴尔这样的工人是如何想方设法去扰乱智能设备管理者的效率苛政的。

往本应无摩擦运转的剥削性系统中添把沙子是一种不错的做法。但我认为抵制数字资本主义机器必须要认真借鉴战术性破坏的传统。我们可以从工业资本主义的蓄意破坏者身上汲取教训，那就是卢德派。

现如今，“卢德派”这个词只被用于侮辱性表达，是抹黑人们反技术、反进步和落后的一种方式。在硅谷技术传道者和支持者的眼中，任何对技术持怀疑或批评态度的人都会立即被视为卢德分子，并因此受到公然排挤。然而，这种对“卢德派”一词的现代用法实际上歪曲了卢德主义的真实历史，也并未给真正的卢德派以公正的评价。

最初的卢德派是指 19 世纪英国的一批工人，他们在黑暗的掩护下捣毁了工厂中的机器（特别是用于制造纺织品的设备）。[8] 当前对于“卢德派”一词的使用在这个层面上是正确的，但也仅限于此。卢德派的动机不是出于对进步的原始恐惧或担心技术进步带来的竞争。他们并没有不分青红皂白地挥舞着大锤，而是特意选择了要去捣毁哪些机器。“卢德派专门捣毁了特定制造商所拥有的设备，这些制造商要么工资发放低于当时标准，要么用货品来冲抵工资。”罗伯特·伯恩（Robert Byrne）在他对卢德主义的历史研究中指出，“即使是放在同一个房间里的不同机器，卢德派也是按工厂主的经商做法来区分处理的，有的被砸毁，有的则幸免于难。”[9]

卢德主义的产生源自工厂主使用机器来大幅提高生产率，不断加快工作节奏，并从工人那里榨取更多价值。这听起来很熟悉吧？“卢德主义不是要针对机器发动战争。”伯恩写道。[10]这是一场工人阶级运动，它揭示了对抗工业资本主义技术政治的重要性。

通过捣毁机器，卢德派向迫使他们生活更加悲惨的技术，以及管理和统治他们的工程师和工厂主发起了进攻。机器是资本主义剥削和榨取剩余价值的“物质基础”。因此，正如马克思所言，捣毁资本机器也是对“利用这些工具的社会形态”的一种尝试性挑战。[11]拥有工厂和设备的老板自然憎恨卢德派，就像他们现在仍然鄙视任何劳工运动一样。这些劳工运动挑战了他们的权威，提出了改善工作条件的要求。资本一直依靠武力来奴役劳工和追求利润，同时也利用法院和舆论的力量来剥夺劳工潜在反击的可能性。因此，工厂主把卢德派投入监狱，诽谤他们，同时将自己塑造成遭受了无知暴徒肆意破坏行动伤害的无辜受害者。如果我们继续将卢德派当作一种粗暴侮辱性表达来使用，我们就站到了资本利益的一边，并会让上述局面得以永存。

我们不该轻视卢德主义，而是应该拓展其战术重点。反对资本的斗争不仅限于工人反抗工作场所中的剥削。如果资本主义权力不去限制它的覆盖范围，那么我们为什么要限制自己的抵制行为呢?

让我先说清楚，我并没有建议人们去用大锤武装自己，然后去蓄意破坏、损毁东西。这种方式在很多方面都是危险的，而且它也不是一种战略上的有效做法。我们需要的是一种聚焦于彻底解构数字资本主义的，更加系统、更有计划的卢德主义，而不是那些轻率的自发行动。换句话说，让我们回想一下第一章中讨论过的技术立法问题，我们需要一项能作为政策的卢德主义。[12]

人们总有一种冲动，总想着在当前基础上不断地去建造新的东西，堆叠更多层次与更多系统。我们当然需要替代性的技术，但同时我们也需要废止一些已有的技术。

光靠环顾世界并想象构建、塑造和解读事物的无限可能性是远远不够的。我们必须要认识到事物的物质性，这是它们得以稳定下来并抵抗变化的方式。[13]对实在的事物置之不理，或围绕其来进行构建，人们只能做到这个程度。最终，这些事物都将被拆解、清除和废止，以便开辟出新的前进道路。1931年，哲学家瓦尔特·本雅明（Walter Benjamin）在一篇名为《破坏性人格》的论文中就完美地描绘了这个废止者的模型（本雅明用“他”来指代这个破坏性角色，但这个角色并无性别之分，所有人都可以、也都应该去代表废止者）。

破坏性人格认为没什么是永恒的，但正是因为这个原因，他认为出路无处不在。在其他人遇到城墙或高山时，他也会看到一条路。但正因为认为出路无处不在，他必须清除一切，四处开路。这并非总以暴力方式进行，有时也会采取最为精致的方式。因为他认为出路无处不在，所以总是站在十字路口，不知道下一步会发生什么。他逢山开路，遇水搭桥，将眼前障碍碎为瓦砾，只为开辟出一条通行之路。[14]

废止听起来很激进，但难道这比将创新变成一种拜物教还要更加激进和荒谬吗？创新拜物教被要做些什么驱动着，它为了做而做，哪怕它做的事情既不新奇也没有什么用处，然后人们还要将这些等同于社会进步，这难道不激进、不荒谬吗？社会教育人们要去成为创新者，而非维护者，更毋论废止者了。创新很时髦，维护很无趣，但废止却是离经叛道的。[15]

我们究竟从这些创新中得到了什么？大多数情况下，我们最终只是自找问题得到了数量过剩的所谓解决方案。万物并非生而平等，许多事物原本就不应该被创造出来。至少，我们不该本能地将庆祝创造而诅咒废止视为理所当然。如果资本主义可以出于一己之需而庆祝“创造性破坏”，那么我们为何不能出于不同目的而重新利用它呢？

打开思路去接受废止的可能性，有助于我们重新评估生活和社会事物的价值。说到智能技术，我们能简单地通过减少非必要升级来启动废止行动，这些技术现在已经填满了我们的生活、家园和城市。并非所有事物都必须要配备传感器并连接到云端。事实上，大多数事物本就不应该如此。拆掉传感器！关掉信号！我们可以把它想象成近藤麻理惠①（Marie Kondo），但这是为了技术政治的“断舍离”。这件事是否有助于人类福祉或社会福利？如果不是，果断扔掉！

从制造商的立场出发，他们希望生产可实时记录信息并将其回传至企业服务器的产品是很好理解的。但是从用户的立场出发，我们应该学会去接受“美国公民自由联盟”（American Civil Liberties Union）技术政策分析师杰伊·斯坦利（Jay Stanley）提出的“愚笨的美德”。[16]这并不是尚古主义者发出的呼吁，让人们退回到使用打字机和电报的时代。实际上，我们需要用批判性思维去看待我们所使用的物品和我们所塑造的环境，以及这些如何反过来利用与塑造我们。归根结底，废止意味着要长远思考，这远比减少对智能烤面包机的使用，或者戒除智能手机上瘾要做得更多一些。这是一种应对数字资本主

① 近藤麻理惠以整理家庭内务而著名，由于她在该领域的杰出表现，2015 年她被美国《时代周刊》评选为影响世界的 100 人之一。近藤麻理惠著有《怦然心动的人生整理魔法》，其整理内务的方法和理念受到广泛关注。——译者注

义创造的“物质基础”和“社会形态”的方法。[17]

一方面，硅谷的生活方式大师很乐意向人们宣扬在森林里度过一个断网的周末，这就像静修一般，没有 Wi-Fi 信号，你就能短暂地逃离智能社会，然后再恢复正常生活。这是一个非常狡诈的计划，它让人们相信，解决智能社会问题的办法是去为我们的身体、心智、精神充电的特权买单，这样我们就可以再次陷入资本主义的地狱，接着更加努力地工作，进行更多的生产。另一方面，新卢德派意识到，我们需要的不仅仅是暂时从资本主义带来的速度、监管、评价、焦虑和怨恨中被解救出来。当我们面临着要在适应一个更加智能的社会与创造一个更加“愚笨”的世界之间做出抉择时，请选择后者。

当然，我们不必立即采取行动，比如马上动手去拆除监视系统的基础设施（尽管从一开始目标可视化是很好的）。在采取任何直接的行动之前，我们需要对技术政治系统如何组织社会以及如何塑造我们的生活抱有更高的期望，这样才可以走得更远。我们不应该满足于在边缘地带进行微不足道的升级，而当权者却坐享了主要利益。如果我们实施了这种调整，并且要求智能技术的设计和使用都要符合新标准，我怀疑许多作为应对各种问题的解决方案来兜售的“创新”将无法通过检验。那些并未实际改善生活和造福社会的技术都应该被废止，而这立马就排除了几乎所有旨在拓展数据提取和实施社会控制的智能技术。

三、创新民主化

未来，人们也许会从智慧社会的裂缝中溜掉。有时候这是件好事。用能捕捉一切的系统覆盖全球的目标——大家还记得IBM“构建一个更加智慧的星球”的口号吧——这让我们很难忘记人们总是会想方设法地去逃避、欺骗，甚至颠覆最具极权主义性质的体系。[18]也许，人们会把垃圾食品放在一个老式冰箱里，从而逃避保险公司窥探的目光。也许人们会穿上特殊的反监视服装，骗过面部识别技术，从而在人工智能监控系统中遁于无形。[19]也许人们还会从评分系统故障中受益，提高他们的评级，进而获得高阶群体的额外待遇。

不可避免的是，人们总能摸索出意料之外的方法来使用智能技术，这种由必要性所激发的奇思妙想是我们无法预见的。换种表述方式就是，创造者并不拥有所有的权力。使用者同样也是“技术变革的重要力量”，这正如历史学家罗纳德·克莱恩（Ronald Kline）和社会学家特雷弗·平克（Trevor Pinch）在其代表性研究中所阐述的思想。他们在这项研究中分析了车主如何基于自身需求和欲望来改装和重新诠释车辆。[20]尽管我们承认用户的能动性，但从战略上讲，我们不能去依赖科幻作家威廉·吉布森（William Gibson）所表述的这种情况："街道找到了自己的用途，而这些用途是制造商从未想象过的。"[21]

希望有更多的人能够靠自己找到应对技术变革的方法完全就是徒劳之举。人们会"蒙混过关"的想法是有据可依的，这和一位自由主义分析师所称的"未经许可的创新"是吻合的。[22]这其实就是企业及其智囊团代理人消灭有组织反抗和监管行动的另一种叫法。

仅仅指望天才个体不足以持续打击智能社会的不公正现象，更不用说把握其发展方向了。这样做的风险在于很有可能淡化了技术设计群体和技术使用群体之间权力不对称的重要性。解构性和建设性的变革策略必须是集体的和有计划的。[23]

我之前已经讨论过为何要将已有事物拆解开来。那么接下来，我们应该如何把新事物组合起来呢？通过控制创新！

这听起来像是一个自相矛盾的说法：谁能控制创新呢？[24]我们总被教导说要把创新看作是意料之外的想法和伟人思想的产物，创新推动了科技进步并改善了人类的生活。化学家和哲学家迈克尔·波兰尼（Michael Polanyi）极为清晰地表达了这一观点："你可以扼杀或破坏科学的进步，但你不能塑造它。因为科学只能通过本质上不可预测的方式去求解自身的问题，而科学进步带来的实际好处是偶然的，因此它也是双重不可预测的。”[25]在波兰尼看来，“创新”和“市场”有一点是相似的，那就是它们都不应该受任何人为干扰。这意味着没人可以塑造或调节它们的过程和结果。根据这一观点，创新和市场的唯一指导应该来自“无形之手”，即计划外行为的自发性秩序和个体决策，而非集体的、有意而为的行动。

但是，这个关于创新是如何产生的故事是一个很容易被加工的虚妄神话。它将除少数天选之子以外的所有人参与创新的过程排除在外。这样一来，科学家、工程师和企业家就不必为他们的工作成果承担任何义务或责任。[26]当面对棘手的问题时，创新（或市场）的神秘动力又是一个现成的替罪羊。

然而，创新非但不是一种不受约束的自然力量，反而已经变成了一桩大生意。关于技术创造的动因、种类与方式的决策权现在主要被握在风险资本家、私营公司和军方的手中，而其他人必须接受他们的决定。从投资到实施的每一个阶段，新技术都要接受层层监管和评估。它们的发展朝着一定的目标推进，它们的设计体现了特定的价值观。如果被认为是失败的，那么新技术就会被扔进垃圾堆。如果是成功的，那么新技术就会被当作一种创新来销售。这并非有没有标准来管理创新的问题，而是由谁来制定标准的问题。

谁会被考虑到创新过程当中可不仅仅局限于贫富差距。一系列有关谁能成功拿到风险资本家投资的研究表明，针对企业家性别和种族的歧视表现得非常明显。[27] 这一点应该毋庸置疑，但这可不是因为只有白人男性才会有值得投资的想法。大家只需环顾四周，看一看那些四处融资并烧掉一轮又一轮的风险资本的初创企业，其中很多公司都只是为了创造新的扩张方式，他们做的都是那些被《哈佛商业评论》（*Harvard Business Review*）称为“把你妈不再为你代劳的事变成互联网应用”之类的事情。[28] 按照现在的术语那就是精英管理，指的是同样的人做着相同的烂事儿，他们还要为此互相吹捧。

风险资本家并不是创新的预言家。他们通常更愿意把钱投到他们认为十拿九稳的人身上。投资模式往往会避免尝试颠覆性想法。相反，“智能化创新似乎更像是对短期的和规避财务风险的项目进行复制的实践”。[29] 在寻找下一只“独角兽”（估值达到 10 亿美元的公司）的过程当中，风险资本家倾向于遵循一定的“模式”（解读：复制其他成功案例）并倾听他们的“直觉”（解读：隐性偏见）。例如，马克・扎克伯格（Mark Zuckerberg）以一个穿着连帽衫的常春藤联盟名校辍学生的身份挖到金矿之后，突然之间，风险投资家开始向走进他们办公室的每个长相酷似扎克伯格的人砸钱。创新这只看不见的手看起来只是在维持现状而已。

我们需要利用智能技术去解决更加重要的问题，并从中获得更多有益成果。目前智能技术并未完全释放出改善每个人生活的潜力，与此同时，不计其数的金钱、时间和精力都被浪费在了建立压榨性、专制性、扰人的、无聊的系统上。我们理应得到比硅谷目前专门生产的垃圾货要更加优质的产品。

当我说到我们需要控制创新时，我的意思是我们需要让更多人拥有更多影响新技术的生产方式、动因和目标的权力，从而实现创新民主化。这意味着我们不应把创新当作一种只有精英阶层才能获得的神秘力量，而是一种应该造福于每个人的能力。政治学家理查德·斯洛夫（Richard Sclove）曾尖锐地提出了这一观点："如果公民应该被授予权利参与到社会基本结构的决策当中，而技术又是社会结构的一个重要方面，那么技术的设计和实践就应该民主化。"[30]

创新民主化包含两大关键变革：

1. 允许那些会受到技术使用影响的人们参与到技术创立的过程当中，从而包容可能有着不同利益、不同经历和价值观的多元化群体。真正的参与式设计必须超越仅仅将公共关系重新命名为公共参与这种程度。这意味着，不能仅仅把人们当作市场消费者来对待，人们也是拥有权利的公民，应该共同参与塑造自身生活的社会制度的决策。[31] 参与者必须至少拥有提供有意义的反馈并催化变革的能力，以此挑战创新的本质和目标。

2. 打开不透明运作和专利流程的黑匣子，从而确保智能系统也能被公众所理解。[32]构建真正可理解的智能系统必须要超越部分公司共享某些数据集的举措。这也意味着诉求不仅仅要有透明度，透明度只是迈向问责制的第一步。这些系统必须由独立的专家和倡导者进行审查和监管，他们服务于公共利益，而非私人利益。

上述变革涉及的案例以及如何有效实施，一直都是许多课题、写作和实验的研究主题。其中也包括我自己的前期工作，这些成果详细地论述了这些方面的重要性。[33]在此我并无意总结这些前期研究，而是想重新回顾一个基本被人遗忘了的历史事件，从中提炼对智能技术未来发展的启示。[34]

四、把握创新途径

1976年，英国主要航空航天制造商卢卡斯航天公司（Lucas Aerospace）的工人做出决定，他们不再为战争制造武器，不再为资本赚取利润。“卢卡斯航天公司大约有一半产出是服务于军事合同的。”技术政策领域研究学者阿德里安·史密斯（Adrian Smith）教授解释道，“由于该业务领域主要依赖于公共资金，卢卡斯航天公司许多民用产品也依赖于公共资金，因此工人认为国家资助应该被更好地用于开发更具社会效益的产品。”为此，工人制订了“替代性企业发展计划”，也被称为“卢卡斯计划”。该计划提出以“创新性替代方案”来管理生产流程和产品。[35]

当时经济并不稳定。由于产业结构调整和资本迁移，工人面临着大规模的失业潮，严重威胁到他们的生计。彼时，冒着因挑战雇主而被解雇的风险来寻求改变似乎并非理想的时机，但卢卡斯航天公司的工人在那段时间里受到了劳工运动的激励，他们明白永远不会有一个完美的机遇来实施彻底的民主变革。他们当时已经认识到，什么时候将以人为本的设计和对社会有益的生产理念付诸实践都是最佳的时机。

“卢卡斯计划”制订了新技术政治运动的详细计划。然而，这一计划绝不仅仅是另一个乌托邦宣言，而是一个保障就业和防止卢卡斯航天公司工厂关停的具体方案。该计划认真考虑了如何创建一个创新体系的问题，不仅实现了诸如促进人类进步、提高社会福利、实现平等赋权等崇高目标，同时也满足了诸如保障工人安全就业、确保工人养家糊口等迫切需要。

“卢卡斯计划”采取了参与式流程，工人就在工厂地板上填写问卷，最终形成了一份囊括社会有用生产方方面面的详细报告。该计划除提出“150 多种替代产品的设计”之外，阿德里安·史密斯教授在报告中还写道：

该计划包括市场分析和经济考虑，提出了提高和拓展专业技能的员工培训建议，并建议将组织架构调整得更加扁平化，打破车间实践和工程设计理论之间的界限。该计划挑战了关于创新和商业应该如何运作的基本假设。[36]

该计划的影响范围并不仅限于一家公司内部的改革。正如它的一位领导人所说的，这是为了“激发他人的想象力”“以一种非常实际和直接的方式展示了‘普通人’的创造力”。[37]以此标准来衡量，这个计划是成功的。当时多家国际媒体都广泛讨论了该计划的影响。这项计划就像是促进“草根创新运动”发展的肥料，史密斯教授称之为“来自车间的，来自理工学院的，来自当地社区的，自下而上的，对社会有用的生产的倡议”。[38]时任英国工业大臣托尼·本恩称之为“英国工业发展历史上最引人注目的行动之一”。[39]“卢卡斯计划”甚至在1979年获得了诺贝尔和平奖的提名。

通过制订这一计划的蓝图，卢卡斯航天公司的工人证明了创新并不是一种只有技术官僚“大祭司”才能掌握的神秘力量。他们证明了“普通人”就像一口尚未开发的新思想之井，我们也拥有组织生产并转化为社会有用成果所需要的技能，而我们被排除在外是因为这扰乱了资本对于劳动和利润的控制。这不是知识的贫乏，而是一种阻碍我们实现创新民主并将创新成果分配给每一个人的行为。

“卢卡斯计划”在多个方面都遭到了反对。这项计划推出好几年以后，该公司管理层才与工人代表讨论了其中部分内容，而公司这么做完全是迫于社会运动和媒体报道的压力。同时，该计划还必须与日益高涨的撒切尔主义做斗争。撒切尔主义掏空了工会，推行残酷的经济意识形态。公司管理层、军工企业和新自由主义政府自然而然都认为这一计划是对他们权力的威胁。因此，他们断然拒绝了该计划，即使对那些本可以盈利的替代产品和管理结构方案也是如此。[40] 由于这些强烈反对，卢卡斯航天公司并没有实施该计划，但它的重要意义与影响却远远超出了在当时特定时空里所发挥的作用。

这项计划仍只是一个模型，服务于切实、系统地去尝试改变创新的方式——由人民来创新，为人民而创新。我并不是说要把这个过去的模型直接复制粘贴到现在，但我们应该把它从历史的旧纸堆里翻拣出来，拂去尘土，放在不同时代背景下重新审视。

该计划的最初制订者认为有义务利用公共资金来支持对社会有用的生产。他们的主张在今天看来仍然是合理的，是有参考意义的。从 iPhone、互联网到生物技术，几乎所有与创新相关的技术都得到了政府的资金支持。正如经济学家玛丽安娜·马祖卡托（Mariana Mazzucato）在其著作《创新型政府》中所精辟阐述的那样，政府在资助研发、引导创新方面扮演着重要角色。[41]可问题在于，现阶段的创新模式将风险社会化了却将回报私有化了：政府花费公共资金，承担投资风险，而企业则声称拥有所有权并收割了利益。假设没有政府机构资助的大量科学技术资源作为基础，硅谷基本上就不会存在，更不用说通过现金注入和商业交易等方式来支持 SpaceX 和亚马逊等标志性公司了。事实上，像埃隆·马斯克（Elon Musk）这样最受尊敬的企业家，在许多方面都是被美化的政府公司承包商。

企业高管宣称，政府在挑选赢家和输家方面很糟糕，但他们乐于兑现公共投资的支票。因此，从某种意义上看，他们也是正确的：目前，政府就选择了错误的赢家——公司股东，而不是公众利益相关者。但我们应该拒绝这种涓滴创新的模式。这并非公共资金能否支持创新的问题——所有证据都表明答案是肯定的，“是的，公共资金确实可以支持创新！”真正的问题在于我们要开展什么样的创新以及为谁的利益而创新。

制订实施“卢卡斯计划”2.0 的时机已经成熟，这是一个建设更好的技术社会的战略，一个更具包容性、公平性以及平等赋能每一个人的战略。

下个版本的“卢卡斯计划”会关注什么样的建议？勾勒出一个全新的方案必须依靠参与性的草根努力。而且，我认为，任何战略的基石都必须以改革数字资本主义的命脉——数据为核心。

五、数据监管

从影响力和财富维度来看，数据囤积者已经取代了石油大亨和对冲基金经理的位置。“过去是银行，现在是科技巨头在主导美国的游说业。”正如记者奥利维亚·索隆（Olivia Solon）和萨布丽娜·西迪基（Sabrina Siddiqui）的报道中所指出的那样。[42]长期以来，人们对于华尔街的怀疑、抗议和警惕现在也必须指向硅谷。

由于一系列丑闻和失误的爆出，最近人们对于科技行业的强烈抨击（或称为 techlash）愈演愈烈。公众已经觉醒并认识到这样一个现实：硅谷那些想要改变世界并声称拥有未来的首席执行官并没有把我们的最大利益放在心上。除越来越多的评论性专栏之外，整个行业的员工也正通过技术工人联盟（Tech Workers Coalition）等组织联合起来，要求改变谷歌等大公司的工作条件和商业决策流程。[43]美国联邦贸易委员会（Federal Trade Commission）等监管机构发布报告，呼吁提高数据代理行业的透明度和问责制。[44]国会质询和报纸调查充分显示出，像脸书这样的科技巨头充其量只是针对我们个人数据和社交关系的欺骗性和操纵性的管理者而已。[45]同样，亚马逊新总部大楼选址的竞争和人行道实验室（Sidewalk Labs）在多伦多提出的智能城市开发计划，也都揭示出了数字资本主义体系所拥有的权力之大甚至荒唐地超过了一些主权国家（据称是主权国家）和城市。[46] 简单来说，这些科技巨头被证明确实是对民主有害的。

然而，对于智能技术的典型叙事框架——聚焦永不停歇的通知时代背景下的隐私、网络安全和注意力等议题，严重地限制了我们理解问题和寻找解决方案的方式。卡特里娜·弗雷斯特（Katrina Forrester）在一篇研究隐私历史的文章中写道："隐私保护政策常常诉诸于呼吁透明度、个人同意和权利等。但它们很少想要分散数据的所有权，比如通过打破数据收集的垄断势力，或通过公共监督将数据使用置于民主控制之下等方式。"[47] 正如我在本书中所说，智能技术的问题首先是政治经济问题。因此，解决智能技术问题的方案也必须如此。

在我看来，主要有两种方式来逐步推进数据监管：监督和所有权。下文是对这两种方式的引介，针对如何充实这些想法并付诸实践开展了初步的探讨。最终，第一种方式应该成为实现第二种方式的前提条件。

（一）监督要求

我们迫切需要制定严格的监管制度，对公司可以收集哪些类型的数据、为什么要收集这些数据以及可以拥有多大规模的个人数据和总体数据进行规制。数据银行将大量高价值数据集中在一处，这种做法已经变得过于强大，风险过大、规模过大，这是不可取的。[48]

当前数据经济得以构建的方式——数据生产、处理和商业化手段都集中在技术寡头手中——已经对社会造成了巨大的破坏。在此仅列部分影响如下：

- 它为少数人提供了权力和金钱的新来源，却将绝大多数人排除在外，从而加速了社会不平等；
- 它强化了诸如“数字标记”等做法带来的影响，这些做法无论是否有意为之，都会通过赋能掠夺性行为和将偏见编码到算法操作中对社会整体造成伤害；[49]
- 它构建了一个无法保障安全的不稳定系统，涉及人数巨大，牵涉私密个人信息的数据泄露频率和事件严重程度不断攀升就是明证；
- 它抵制任何单一机构为单一目的而提取数据流的做法，这些数据随后被出售或提供给其他方用于其他目的。然后，如此往复，永无止境。

数据驱动带来的危害并非系统缺陷，而是系统特性。在这个系统中，一个单一缺陷或决策就有可能会对无数人造成影响，并引发局面失控。每个核心问题都需要直接来解决。

在很大程度上，数据经济改革可以通过执行现有的法律法规来实施。其中许多法律法规原本是根据其他行业情况来制定的。它们也许无法解决数据经济的根本症结，但会降低大型数据银行所产生影响的规模性和严重性。一些相关参考包括：

- 通过反垄断政策打击垄断和惩罚勾结合谋，这适用于监管拥有巨大市场权力的数据银行；
- 通过资本管制来约束金融资本的不稳定流通，这可以应用于数据资本流通的管制，限制数据交换的地点、方式和原因；
- 通过审计调查企业运营活动以验证其操作是否合规，这可以应用于审计数据收集、分析和使用的方式。

为了适应数据经济发展的时代背景，我们当然也需要去修正更新这些法律，起草新的政策，从而反映出对21世纪政治经济更为深刻的理解。

例如，把反垄断仅仅建立在市场竞争和消费品价格的概念上是不够的。这样做会让亚马逊继续吞噬整个经济，同时逃脱反垄断的打击：由于亚马逊的商品价格很低，它被视为增加了“消费者福利”，因此不在反垄断范围内。[50]但是哪怕我们只是粗略地看一眼亚马逊不断拓展的经济地位和政治权力，也能理解目前的反垄断法对于当前这个时代而言是多么力不从心。这无意中暴露了人们对于剥削和腐败实际运行方式的短视看法。当谈到拆分数据银行的目标和途径时，我们不能没有一个清晰的愿景。

（二）所有权要求

在当前新的镀金时代，人们以放任主义态度对待数据刺激了新强盗巨头团伙的崛起。长期以来，这些企业的高管一直在不受约束的资本主义环境下任意运营，与此同时，我们在数据使用和避免滥用方面则长期无法获得充分的保护。我们不应继续听任他们肆无忌惮地获取、交易和囤积属于我们的数据，而必须约束这些数据采掘企业，收回它们的不义之财。呼吁透明度和问责制只是一个开端，现在这些不温不火的回应已经远远不够了。保护性监管会减轻一些痛苦，也许会让局面暂时缓和，但它并不能根治数字资本主义的沉疴。为此，我们需要采取更严密的应对举措。

相对于去容忍因追求私利而收集数据带来的不公正状况而言，我们更应该为了公共利益将数据集体化。数据可以为社会中所有人带来巨大的利益——这远远超出了最有特权的阶层所享有的好处，但是当人们将数据当作榨取价值和控制世界的方式时，这种巨大的潜能就被白白浪费掉了。那些能从数据的使用中获益最多的人往往是那些被当前大数据体制所剥削和排挤的人。举个例子来说，数据分析现在并未被用在帮助人们利用公共援助改善生活方面，而是用来对那些本已脆弱的群体实施画像分析、监控和惩罚。[51]

最具价值的数据来自人，这些数据一直被企业、雇主、保险公司、警察机构等所觊觎。“和电影《绿色食品》① 中的设定一样，大数据是人做的。”[52]尽管我们生产数据时可能并未流血、流汗或者流泪，但是这些数据却是从我们的身体、行为、偏好、身份等方面提取出来的。我们的一部分被嵌入其中，并由这些数据来代表。我们自己也与这些数据及其使用后果紧密相关。

个人数据已经成为许多经济生产和社会权力系统的基础。对于其如何、为何和为谁运行，如果我们继续放弃发言权是愚蠢和危险的。当谈到这些大规模技术政治系统时，哲学家托尼·史密斯（Tony Smith）主张“民主原则必须要发挥作用：所有行使这一权力的行为都必须得到受其影响之人的同意”。[53]数据应该属于人民，应该为民所用，应该由民所治。

① 《绿色食品》是理查德·弗莱彻执导的犯罪片，上映于 1973 年，由查尔顿·赫斯顿、爱德华·G·罗宾逊、蕾·泰勒-杨等出演。该片讲述了一个住在纽约的警察在侦查一起谋杀案的时候偶然发现了政府和 Soylent Green 公司的秘密的故事。——译者注

我们如何使数据治理变得更加民主？答案是去商品化和集体化。简而言之，去商品化意味着不仅仅将数据视为通过市场买卖的商品，而且只能由负担得起的人来访问。集体化意味着将数据作为一种共享资源进行管理——而不仅仅是私有财产——这样才可为公共利益做出贡献。它们是同一个问题的两个方面。

治理变革的一种可能方式是按照公共事业来持有和运营数据银行。就是像电力生产和公共交通系统一样来运营数据基础设施。“在过去，水、电、煤气、铁路等自然垄断企业具有巨大的规模经济效应并服务于公共利益，这些企业一直是推行公有制的主要候选单位。”尼克·斯尼切克（Nick Srnicek）在一篇文章中解释道，这篇文章主张将谷歌和脸书等大型平台国有化。[54]

治理关键并不在于政府阻止人们出于个人目的收集自己的数据，比如可穿戴设备或家用设备所产生的数据。相反，治理的重点是用于工业目的的大型数据库。如果说有什么区别的话，那就是数据集体化将能提高数据对个人的价值，这将通过确保人们能访问那些设备已秘密获取的所有相关数据来实现。

就数据治理变革的形式而言，我们可以创建一个新的公共机构——数据存储库，来管理大数据的采集、访问和使用。数据存储库的使命是维护公共利益和保障公共福利。其功能可能包括：

- 监管数据经济的方方面面；

- 就数据政策提出独立的专家意见；
- 担任个人数据聚合的管理员；
- 确保为了公共利益而使用数据；
- 支持开发对社会有用的产品；
- 为机构配备相关数据、工具和资源。

在美国，行使类似数据存储库职能的机构已有先例，例如负责监管货币体系的美国联邦储备系统（Federal Reserve）、倡导消费者权益的消费者金融保护局（Consumer Financial Protection Bureau）以及在复杂技术问题方面提供专家建议并代表公共价值观的技术评估办公室（Office of Technology Assessment）等。数据存储库的建立可以借鉴上述机构的经验，同时探索独特的发展道路。

建立类似数据存储库的机构是防止私人利益集团控制数据驱动技术并从中牟利的一项可行措施。举个例子来看，数据存储库机构与优步等公司不同，它可以确保数据被用于改善和拓展公共交通，而优步这样的公司是垄断性的、唯利是图的、冷酷无情的，它们收集了大量人口流动数据，然后向地方政府收取获得这些数据的费用。尽管数字资本主义激励企业无休止地创新数据提取和利用的方法，但数据存储库可以奖励那些提供社会有益商品和服务的机构，允许这些机构访问通过公平、透明和负责任的方式所收集的大量有用数据。

以此来看，数据存储库的想法还只是一枚思想的种子。关于如何实现数据去商品化和集体化，我们还需要更加详细的建议，但希望我们已经阐述清楚了其中的动机。[55]将数据从私人利润领域移除，这对数字资本主义的采掘基础而言是一个毁灭性打击。通过推行公有制，数据的力量可以去推动更具社会效益的创新，其价值能更为公平地分配，其潜力能更加充分地释放。

六、展望

未来我们还有很多工作需要开展。尽管当前问题很大，涉及面广，但并非无法克服。想想牛顿第三定律：两个物体之间的作用力和反作用力总是大小相等，方向相反，作用在同一条直线上。我们现在已经了解了集体行动反作用力的范围。这不应该让人沮丧，而应该让人振奋。它给了我们充分的行动动因和方向。事实上，让我们四顾进步政治掀起的惊人浪潮——尽管有些可能是因为社会政治和环境气候导致了失败，但从中也能看到，变革所需的组织和团结已经铸成。

前文概述的三种应对策略——解构资本、创新民主化和数据监管——从不同的方面为把握智能化发展以建设更加美好的社会这一目标做出了贡献。

余　论

千万别让电脑跟我胡扯！

——Del the Funky Homosapien①，歌曲《3030》的歌词

科技的进步唤起了人们共同的敬畏和钦佩之情，历史学家戴维·奈（David Nye）将之称为“美国技术的崇高性”。[1]这样，技术不仅等同于进步，也被赋予神圣之美。

无论人们是去硅谷朝圣，还是在当地“大教堂”门前扎营，在苹果或谷歌的发布会活动期间，我们都可以看到某些人身上那种狂热的痴迷。每一年，科技产品的信徒都处于“圣滚”②的边缘，他们就像“福音传道者”一样——这是他们的标签，而不是我们的标签——赞美技术的荣耀。

这是社会文化中很常见的现象。即使是我们当中那些不那

① 美国说唱歌手、词曲作者和唱片制作人，其真名为特伦·德尔冯·琼斯（Teren Delvon Jones），艺名为 Del the Funky Homosapien 或 Sir DZL。——译者注

② “圣滚者”是美国一个宗教派别 Pentecostalist Movement 的绰号，因其信徒在狂热时往往在地上打滚而得名。——译者注

么狂热的极客也被教导要去欢迎技术，或者至少不能去阻挡技术的发展。乐观或默许是我们面前唯一“合理的”选择。其他任何做法都被烙上了犬儒主义和悲观主义的烙印。

这些文化观念是批判性声明要克服的一大障碍。批判立即就会引起怀疑。人们从一开始就处于防御状态。但正如本书所展示的，我们有充分的理由对何种技术应该被创造出来、以及该如何去运用这些技术提出批判。对于现有秩序的批判，包括对形塑社会的人、思想和事物等的批判，我们不该手下留情。引用卡尔·马克思（Karl Marx）的话，它必须是“勇往直前的，因为它既不会因自己的发现而退缩，也不会因与权力的冲突而退缩”。[2]

我在书中详述的那些看似反乌托邦的内容，并非来自推测性的未来。它们全都直接源于现实。这些并非小说，而是陈述现实，而且我只是触及了智能技术强化收集和控制、提取和剥削等方式的表皮而已。数字资本主义的创新精神使这些技术日臻完善。

反乌托邦的故事给任何关于技术“黑暗面”的争论都蒙上了阴影。

报道任何一种可怕的或令人毛骨悚然的新技术几乎都会不可避免地提到乔治·奥威尔（著有《1984》）和奥尔德斯·赫胥黎（Aldous Huxley）（著有《美丽新世界》）等作家。他们被认为是信息时代的不祥先知，但他们并非完全合适的人选。坦率地说，这些作者并没有预料到智能社会会变得如此诡异，且毫无秩序。他们预言了一种监视和支配体系的出现，这个体系能像一台超级高效、超级理性的机器一样运作。但在现实中，我们得到的却是超现实的、低劣的、老出故障的、粗糙的、贪婪的和暴力的体系。

如果我们去寻找反乌托邦故事来阐释数字资本主义，那么，关键并不在于哪些故事能最准确地预测技术将如何发展，而在于哪些故事能把握我们现在的情绪和当权者的动机。[3]在这种情况下，不幸的是，对我们来说，奥威尔和赫胥黎都不是最佳选择。相反，我们应该去看看导演保罗·范霍文（Paul Verhoeven）电影中（例如《机械战警》和《星河战队》等）所表现的技术法西斯主义，以及科幻小说作家菲利普·K.迪克作品中（例如《少数派报告》和《仿生人会梦见电子羊吗》）所描写的技术偏执狂，等等。

每个反乌托邦的世界对于某些人来说就是乌托邦，而对另一些人来说也许只是日常生活。这只不过是以上三个维度的程度与分布不同罢了。

我已经展示了智能社会的危害是如何扩散开来并日趋严重的。然而，那些没有经历过这些影响的人们往往意识不到周遭所存在的榨取、剥削和排挤，以及自身的生活方式对此的依赖。如果现在看起来还不错，甚至很棒，那就算你走运吧。但事情可能并不总是这样如意。

资本主义发展轨迹是一条通向社会不平等、经济不稳定和生存不安全等状况日趋恶化的道路。[4]资本主义的数字转向并未颠覆这一轨迹，反倒增强和加速了这一趋势。社会顶层空间只有这么大，社会富裕而稳定的空间是有限的。与此同时，很多人都被猛推出去，被排挤在单调而舒适的日常生活之外。对许多人来说，过上平常生活就是理想。值得再次引用的是，那位靠政府福利救济的妇女曾经对弗吉尼亚·尤班克斯所发出的警告，她生活中的每一步都受到了追踪和控制，她说："你们应该关注我们的遭遇。接来下就是你们了。"[5]

如果我所描述的事态发展听起来令人痛心，那么这是否意味着我们已经以某种方式跌入了现实生活中的反乌托邦境地呢？如果是这样的话，我们难道不应该尝试着去做点什么吗？

黑暗之中仍有曙光。例如，在决定我们未来的斗争中，由于公众日渐高涨的反对呼声和工人的抵制行动，硅谷及其"技术崇高性"正在节节败退。最后，人们开始怀疑那些声称通过技术创造美好世界的企业家身上大男孩般的魅力。人们越发意识到，不能指望科技公司会把公众的最大利益放在心上。他们以往的作为——如果不是出于恶毒的原因，那么也是出于疏忽和天真，已经证明了人们采取相反的假设反倒会更加安全。

本书可能会被人称为是反乌托邦的，但事态不必非这样发展不可。

抵制、重新定义和重新设计智能社会必将困难重重，但也势在必行。撒切尔夫人的口号“你别无选择”是一句昭告胜利的宣言。硅谷现在也挂上了“任务完成”的旗帜。我们的任务就是证明他们现在庆祝还为时过早。

注释

引 言 如何看待技术

1. Kate Quinlan, "Smart Brush Tool Now Software Integrated," *British Dental Journal* 224(March 2018): 461.
2. David Rose, *Enchanted Objects: Innovation, Design, and the Future of Technology* (New York: Scribner, 2014), back cover.
3. Arthur C. Clarke, *Profiles of the Future: An Inquiry into the Limits of the Possible* (New York: Henry Holt and Co., 1984), 179.
4. Frost & Sullivan, "Frost & Sullivan: Global Smart Cities Market to Reach US$1.56 Trillion by 2020," 2014, accessed December 14, 2017,https://ww2.frost.com/news/press-releases/frost-sullivan-global-smart-cities-market-reach-us156-trillion-2020; Future Cities Catapult, "Smart City Strategies: A Global Review," 2017, accessed December 14, 2017, http://futurecities.catapult.org.uk/wp-content/uploads/2017/11/GRSCS -Final-Report.pdf.
5. Gartner, "Gartner Says 8.4 Billion Connected 'Things' Will Be in Use in 2017, Up 31 Percent from 2016," 2017, accessed December

14, 2017, https://www.gartner.com/newsroom/id/3598917.

6. Anna Lauren Hoffmann, Nicholas Proferes, and Michael Zimmer, "'Making the World More Open and Connected': Mark Zuckerberg and the Discursive Construction of Facebook and Its Users," *New Media and Society* 20, no. 1 (2018): 199–218.
7. Donald MacKenzie and Judy Wajcman, eds., *The Social Shaping of Technology*, 2nd ed. (Buckingham, UK: Open University Press, 1999).
8. Langdon Winner, *Autonomous Technology: Technics-Out-of-Control as a Theme in Political Thought* (Cambridge, MA: MIT Press, 1978), 323.
9. Lawrence Lessig, "Code Is Law," *Harvard Magazine*, January 1, 2000, accessed October 11, 2018, https://harvardmagazine.com/2000/01/code -is-law-html.
10. Wendy H. K. Chun, *Control and Freedom: Power and Paranoia in the Age of Fiber Optics* (Cambridge, MA: MIT Press, 2006), 66.
11. Keller Easterling, *Extrastatecraft: The Power of Infrastructure Space* (New York: Verso, 2014), 4.
12. Jathan Sadowski and Evan Selinger, "Creating a Taxonomic Tool for Technocracy and Applying It to Silicon Valley," *Technology in Society* 38 (August 2014): 161–168.
13. Martin Gilens and Benjamin I. Page, "Testing Theories of American Politics: Elites, Interest Groups, and Average Citizens," *Perspectives on Politics* 12, no. 3 (2014): 564–578.
14. Langdon Winner, *The Whale and the Reactor: A Search for Limits in an Age of High Technology* (Chicago: University of Chicago Press,

1986), 26.

15. Rhett Jones, "Roomba's Next Big Step Is Selling Maps of Your Home to the Highest Bidder," *Gizmodo*, July 25, 2017, accessed January 14, 2018, https://www.gizmodo.com.au/2017/07/roombas-next-big-step-is-selling-maps-of-your-home-to-the-highest-bidder/.
16. David Golumbia and Chris Gilliard, "There Are No Guardrails on Our Privacy Dystopia," *Motherboard*, March 10, 2018, accessed March 14, 2018, https://motherboard.vice.com/en_us/article/zmwaee/there-are-no -guardrails-on-our-privacy-dystopia.
17. "IBM Builds a Smarter Planet," IBM, accessed August 21, 2019, https://www.ibm.com/smarterplanet/us/en/.
18. Jennings Brown, "Former Facebook Exec: 'You Don't Realise It But You Are Being Programmed,'" December 11, 2017, accessed December 13, 2017, https://www.gizmodo.com.au/2017/12/former-facebook-exec-you-dont-realise-it-but-you-are-being-programmed/.
19. Clive Thompson, *Coders: The Making of a New Tribe and the Remaking of the World* (New York: Penguin Press, 2019), 341.
20. Allan Dafoe, "On Technological Determinism: A Typology, Scope Conditions, and a Mechanism," *Science, Technology, and Human Values* 40, no. 6 (2015): 1047–1076; Leo Marx, "Does Improved Technology Mean Progress?," *Technology Review* 71 (January): 33–41; Merritt Roe Smith and Leo Marx, eds., *Does Technology Drive History?: The Dilemma of Technological Determinism* (Cambridge, MA: MIT Press, 1994); Winner, *Autonomous Technology*.
21. L. M. Sacasas, "Borg Complex: A Primer," *Frailest Things,* March 1, 2013, accessed December 21, 2017, https://thefrailestthing.

com/2013/ 03/01/borg-complex-a-primer/.

22. Meghan O'Gieblyn, "As a God Might Be: Three Visions of Technological Progress," *Boston Review*, February 9, 2016, accessed December 14, 2017, https://bostonreview.net/books-ideas/meghan-ogieblyn-god-might-be.

23. Trevor J. Pinch and Wiebe E. Bijker, "The Social Construction of Facts and Artefacts: or How the Sociology of Science and the Sociology of Technology Might Benefit Each Other," *Social Studies of Science* 14 (1984): 399–441.

24. 托尼·本恩 (Tony Benn) 在许多其他场合都表述过"五个民主的小问题",其中一次是在 2001 年议会听证会上。以下资料获取时间为 2016 年 5 月 1 日:http://www.publications.parliament.uk/pa/cm200001/cmhansrd/ vo010322/ debtext/10322-13.htm.

25. 乔·肖 (Joe Shaw) 和马克·格雷厄姆 (Mark Graham) 曾将托尼·本恩提出的"五个民主的小问题"分析框架非常出色地运用到谷歌的案例分析中。我很感谢他们让我了解到本恩提出的这一分析框架。Joe Shaw and Mark Graham, "An Informational Right to the City?: Code, Content, Control, and the Urbanization of Information," *Antipode* 49, no. 4 (2017): 907–927.

第一章 数据世界

1. Laura Stevens and Heather Haddon, "Big Prize in Amazon–Whole Foods Deal: Data," *Wall Street Journal,* June 20, 2017, accessed January 3, 2018, https://www.wsj.com/articles/big-prize-in-

amazon-whole-foods -deal-data-1497951004.

2. Jordan Novet, "Amazon Cloud Revenue Jumps 45 Percent in Fourth Quarter," CNBC, February 1, 2018, accessed December 5, 2018, https://www.cnbc.com/2018/02/01/aws-earnings-q4-2017.html.
3. Joseph Turow, Lee McGuigan, and Elena R. Maris, "Making Data Mining a Natural Part of Life: Physical Retailing, Customer Surveillance and the 21st Century Social Imaginary," *European Journal of Cultural Studies* 18, no. 4–5 (2015): 464–478.
4. Joseph Turow, *The Aisles Have Eyes: How Retailers Track Your Shopping, Strip Your Privacy, and Define Your Power* (New Haven, CT: Yale University Press).
5. Amazon Go, accessed January 4, 2018, https://www.amazon.com/b?node=16008589011.
6. Nick Wingfield, "Inside Amazon Go, a Store of the Future," *New York Times*, January 21, 2018, accessed January 21, 2018, https://www.nytimes.com/2018/01/21/technology/inside-amazon-go-a-store-of-the-future .html.
7. Hollie Shaw, "How Bricks-and-Mortar Stores Are Looking More and More Like Physical Websites," *Financial Post*, March 20, 2014, accessed January 3, 2018, http://business.financialpost.com/2014/03/20/how-bricks-and-mortar-stores-are-looking-more-and-more-like-physical-websites/.
8. Stephanie Clifford and Quentin Hardy, "Attention, Shoppers: Store Is Tracking Your Cell," *New York Times*, July 14, 2013, accessed January 3, 2017, http://www.nytimes.com/2013/07/15/business/attention-shopper-stores-are-tracking-your-cell.html?

pagewanted=all.

9. Chris Frey, “Revealed: How Facial Recognition Has Invaded Shops— and Your Privacy, *Guardian*, March 3, 2016, accessed January 29, 2018, https://www.theguardian.com/citics/2016/mar/03/revealed-facial-recognition-software-infiltrating-cities-saks-toronto.
10. Aaron Mak, “The List of Places That Scan Your Face Is Growing,” Slate, December 22, 2017, accessed January 29, 2018, www.slate.com/blogs/future_tense/2017/12/22/facial_recognition_software_is_coming _to_industries_like_fast_food_and_luxury.html.
11. Nick Wingfield, Paul Mozur, and Michael Corkery, “Retailers Race against Amazon to Automate Stores,” *New York Times*, April 1, 2018, accessed April 2, 2018, https://www.nytimes.com/2018/04/01/technology/retailer-stores-automation-amazon.html? partner=IFTTT.
12. Amazon Go, accessed January 4, 2018, https://www.amazon.com/b?node=16008589011.
13. Suzanne Vranica and Robert McMillan, “IBM Nearing Acquisition of Weather Co.’s Digital and Data Assets,” *Wall Street Journal*, October 27, 2015, accessed January 6, 2018, https://www.wsj.com/articles/ibm-nearing-acquisition-of-weather-co-s-digital-and-data-assets-1445984616.
14. Jennifer Valentino-DeVries, Natasha Singer, Michael H. Keller, and Aaron Krolik, “Your Apps Know Where You Were Last Night, and They’re Not Keeping It Secret,” *New York Times*, December 10, 2018, accessed December 12, 2018, https://www.nytimes.com/interactive/2018/12/10/business/location-data-privacy-apps.html.

15. Andrew Ng, "Artificial Intelligence Is the New Electricity," YouTube, February 2, 2017, accessed January 21, 2018, https://www.youtube.com/watch? time_continue=2041&v=21EiKfQYZXc.
16. Marion Fourcade and Kieran Healy, "Seeing Like a Market," *Socio-Economic Review* 15, no. 1 (2017): 13.
17. 这在一部以商业领袖为目标受众的数据资本主题报告中有所提及，请参见：MIT Technology Review Custom and Oracle, *The Rise of Data Capital* (Cambridge, MA: MIT Technology Review Custom, 2016).
18. Jathan Sadowski, "When Data Is Capital: Datafication, Accumulation, Extraction," *Big Data and Society* 6, no. 1 (2018): 1–12.
19. "The World's Most Valuable Resource Is No Longer Oil, But Data," *Economist*, May 6, 2017, accessed October 9, 2017, https://www.economist.com/news/leaders/2017/05/06/the-worlds-most-valuable-resource-is-no-longer-oil-but-data.
20. Phoebe Wall Howard, "Data Could Be What Ford Sells Next as It Looks for New Revenue," *Detroit Free Press*, November 13, 2018, accessed November 22, 2018, https://www.freep.com/story/money/cars/2018/11/13/ford-motor-credit-data-new-revenue/1967077002/.
21. John Rossman, *The Amazon Way on IoT: 10 Principles for Every Leader from the World's Leading Internet of Things Strategies* (Clyde Hill, WA: Clyde Hill Publishing, 2016), 96.
22. 我最早在我的学术论文《当数据成为资本》(*When Data Is Capital*) 中分析了对数据进行估值的方法。本书结合广泛的案例应用进行分析而极大地拓展了这些方法。

23. Stuart Kirk, "Artificial Intelligence Could Yet Upend the Laws of Finance," *Financial Times*, January 22, 2018, accessed January 24, 2018, https://www.ft.com/content/8c263c06-fc70-11e7-9b32-d7d59aacc167.
24. Lisa Gitelman, ed., *"Raw Data" Is an Oxymoron* (Cambridge, MA: MIT Press, 2013).
25. Siemens, "Siemens Smart Data," YouTube, September 4, 2014, accessed January 8, 2018, https://www.youtube.com/watch?v=ZxoO-DvHQRw.
26. IBM, "A World Made with Data. Made with IBM," YouTube, May 27, 2014, accessed October 9, 2017, https://www.youtube.com/watch ?v=QCgzrOUd_Dc.
27. MIT Technology Review Custom and Oracle, *The Rise of Data Capital*, 3.
28. Tom Wolfe, *The Bonfire of the Vanities* (New York: Farrar, Straus and Giroux, 1987).

第二章　控制狂

1. Gilles Deleuze, "Postscript on the Societies of Control," *October 59* (Winter 1992): 7.
2. 有关利用德勒兹及其控制理论针对智能城市进行更加深入的理论分析，请参见我和弗兰克・A. 帕斯夸尔 (Frank A. Pasquale) 的合著《控制谱系：智能城市的社会理论》(*The Spectrum of Control: A Social Theory of the Smart City*)。*First Monday* 20, no. 7 (2015): n.p.

3. Michel Foucault, *The History of Sexuality. Volume 1: An Introduction*, trans. Robert Hurley (New York: Vintage, 1990).
4. Michel Foucault, *The Birth of Biopolitics: Lectures at the College de France, 1978–1979*, trans. Graham Burchell (New York: Picador, 2008). Biopower and discipline are not strictly the same thing. Biopower is the application of power to govern life, both at the levels of bodies and populations. Disciplinary power works by creating certain subjectivities in people. But the two are close enough, in theory and practice, to lump them together here.
5. Foucault, *The History of Sexuality*, 139–140.
6. Patrick O'Byrne and David Holmes, "Public Health STI/HIV Surveil- lance: Exploring the Society of Control," *Surveillance and Society* 7, no. 1 (2009): 61.
7. Kate Crawford and Vladan Joler, "Anatomy of an AI System," accessed December 7, 2018, https://anatomyof.ai.
8. Mark Weiser, "The Computer for the Twenty-First Century," *Scientific American* 265, no. 3 (1991): 94.
9. Susan Leigh Star, "The Ethnography of Infrastructure," *American Behavioral Scientist* 43, no. 3 (1999): 377–391.
10. Gilles Deleuze and Félix Guattari, *A Thousand Plateaus: Capitalism and Schizophrenia* (Minneapolis: University of Minnesota Press, 1987).
11. Ella Morton, "Utah Has a Forest Full of Golden Clones," Slate, May 6, 2014, accessed February 14, 2018, www.slate.com/blogs/atlas _ obscura/2014/05/06/pando_the_trembling_giant_is_a_forest_of_ cloned_quaking_aspens.html.

12. Donna Haraway, *Simians, Cyborgs, and Women: The Reinvention of Nature* (New York: Routledge, 1991), 161.
13. Kevin D. Haggerty and Richard V. Ericson, "The Surveillant Assemblage," *British Journal of Sociology* 51 (2000): 611.
14. O'Byrne and Holmes, "Public Health STI/HIV Surveillance," 61.
15. Jürgen Habermas, *Between Facts and Norms: Contributions to a Dis- course Theory of Law and Democracy*, trans. William Rehg (Cambridge, MA: MIT Press, 1996), 306.
16. Sadowski and Pasquale, "The Spectrum of Control."

第三章　数字资本主义的十大论题

1. 有关该领域的重要成果，请参见：Jodi Dean, "Communicative Capitalism: Circulation and the Foreclosure of Politics," *Cultural Politics* 1, no. 1 (2005): 51–74; Jathan Sadowski, "When Data Is Capital: Datafication, Accumulation, Extraction," *Big Data and Society* 6, no. 1 (2018): 1–12; Joe Shaw, "Platform Real Estate: Theory and Practice of New Urban Real Estate Markets," *Antipode*, October 17, 2018, accessed June 28, 2019, https://www.tandfonline.com/doi/full/10.1080/02723638.2018.152 4653; Nick Srnicek, *Platform Capitalism* (Cambridge, UK: Polity Press, 2016); Jim Thatcher, David O'Sullivan, and Dillon Mahmoudi, "Data Colonialism through Accumulation by Dispossession: New Metaphors for Daily Data," *Environment and Planning D* 34, no. 6 (2016): 990–1006; Shoshana Zuboff, "Big Other: Surveillance Capitalism and the Prospects of an Information Civilization,"

Journal of Information Technology 30 (2015): 75–89.

2. Srnicek, *Platform Capitalism.*
3. Shoshana Zuboff, *The Age of Surveillance Capitalism: The Fight for a Human Future at the New Frontier of Power* (New York: PublicAffairs, 2019).
4. Zuboff, *The Age of Surveillance Capitalism*, vii.
5. Sandro Mezzadra and Brett Neilson, "Operations of Capital," *South Atlantic Quarterly* 114, no. 1 (2015): 1–9.
6. bell hooks, *Feminist Theory: From Margin to Center* (Boston: South End Press, 1984).
7. Simone Browne, *Dark Matters: On the Surveillance of Blackness* (Durham, NC: Duke University Press, 2015); Jessie Daniels, Karen Gregory, and Tressie McMillan Cottom, *Digital Sociologies* (Bristol, UK: Policy Press, 2016); Safiya Umoja Noble and Brendesha M. Tynes, *The Intersectional Internet: Race, Sex, Class, and Culture Online* (New York: Peter Lang Inc., 2016); Marie Hicks, *Programmed Inequality How Britain Discarded Women Technologists and Lost Its Edge in Computing* (Cambridge, MA: MIT Press, 2017); Safiya Umoja Noble, *Algorithms of Oppression: How Search Engines Reinforce Racism* (New York: NYU Press, 2018); Virginia Eubanks, *Automating Inequality: How High-Tech Tools Profile, Police, and Punish the Poor* (New York: St. Martin's Press, 2018).
8. Mar Hicks, "Hacking the Cis-tem," *IEEE Annals of the History of Computing* 41, no. 1 (2019): 30.
9. Zachary M. Loeb, "Potential, Power and Enduring Problems:

Reassembling the Anarchist Critique of Technology," *Anarchist Developments in Cultural Studies* 7, no. 1–2 (2015): 103.

10. 正如社会科学家和生物科学家所证明的那样，自然与人造之间的鸿沟会干扰我们针对如何实际去构想和建设环境提出有意义的问题。请参见相关资料：Donna Haraway, "A Cyborg Manifesto: Science, Technology, and Socialist-Feminism in the Late Twentieth Century," in *Simians, Cyborgs, and Women: The Reinvention of Nature* (New York: Routledge, 1991), 149–181; Bruno Latour, *We Have Never Been Modern*, trans. Catherine Porter (Cambridge, MA: Harvard University Press, 1989).
11. Simon Marvin and Jonathan Rutherford, "Controlled Environments: An Urban Research Agenda on Microclimatic Enclosure," *Urban Studies* 55, no. 6 (2018): 1143–1162.
12. Aimee Dirkzwager, Jimi Cornelisse, Tom Brok and Liam Corcoran, "Where Does Your Data Go? Mapping the Data Flows of Nest," Masters of Media, October 25, 2017, accessed October 16, 2018, https://mastersofmedia.hum.uva.nl/blog/2017/10/25/where-does-your-data-go-map ping-the-data-flow-of-nest/.
13. Jathan Sadowski and Roy Bendor, "Selling Smartness: Corporate Narratives and the Smart City as a Sociotechnical Imaginary," *Science, Technology, and Human Values 44,* no. 3 (2018): 540–563; Sam Palmisano, "Building a Smarter Planet: The Time to Act Is Now," Chatham House, January 12, 2010, accessed October 3, 2018, https://www.chathamhouse .org/sites/files/chathamhouse/15656_120 110palmisano.pdf.

14. Cathy O'Neil, "Amazon's Gender-Biased Algorithm Is Not Alone," Bloomberg, October 17, 2018, accessed October 19, 2018, https://www.bloomberg.com/view/articles/2018-10-16/amazon-s-gender-biased -algorithm-is-not-alone.
15. Hicks, *Programmed Inequality*; Steve Lohr, "Facial Recognition Is Accurate, if You're a White Guy," *New York Times*, February 9, 2018, accessed September 12, 2018, https://www.nytimes.com/2018/02/09/technology/facial-recognition-race-artificial-intelligence.html.
16. Bruce Schneier, *Data and Goliath: The Hidden Battles to Collect Your Data and Control Your World* (New York: W. W. Norton and Company, 2016).
17. Sandro Mezzadra and Brett Neilson, "On the Multiple Frontiers of Extraction: Excavating Contemporary Capitalism," *Cultural Studies* 31, no. 2–3 (2017): 185–204.
18. Eyal Zamir, "Contract Law and Theory—Three Views of the Cathedral," *University of Chicago Law Review* 81 (2014): 2096.
19. Kean Birch, "Market vs. Contract? The Implications of Contractual Theories of Corporate Governance to the Analysis of Neoliberalism," *Ephemera: Theory and Politics in Organizations* 16, no. 1 (2016): 124.
20. Mark Andrejevic, "The Big Data Divide," *International Journal of Communication* 8 (2014): 1674.
21. Matthew Crain, "The Limits of Transparency: Data Brokers and Commodification," *New Media and Society* 20, no. 1 (2016): 88–104.

22. Leanne Roderick, “Discipline and Power in the Digital Age: The Case of the US Consumer Data Broker Industry,” *Critical Sociology* 40, no. 5 (2014): 729–746.
23. Andrejevic, “The Big Data Divide,” 1682, 1685.
24. danah boyd and Kate Crawford, “Critical Questions for Big Data: Provocations for a Cultural, Technological, and Scholarly Phenomenon,” *Information, Communication and Society* 15, no. 5 (2012): 662–679.
25. Michel Foucault, *Power/Knowledge: Selected Interviews and Other Writings, 1972–1977* (New York: Vintage, 1980).
26. Geoffrey C. Bowker and Susan Leigh Star, *Sorting Things Out: Classification and Its Consequences* (Cambridge, MA: MIT Press, 2000).
27. Marion Fourcade and Kieran Healy, “Classification Situations: Life-Chances in the Neoliberal Era,” *Accounting, Organizations and Society* 38 (2013): 559–572.
28. Edwin Black, *IBM and the Holocaust: The Strategic Alliance between Nazi Germany and America's Most Powerful Corporation* (Washington, DC: Dialog Press, 2012).
29. Anna Lauren Hoffmann, “Data Violence and How Bad Engineering Choices Can Damage Society,” Medium, May 1, 2018, accessed April 24, 2019, https://medium.com/s/story/data-violence-and-how-bad-engi neering-choices-can-damage-society-39e44150e1d4.
30. Os Keyes, “Counting the Countless,” Real Life, April 8, 2019, accessed April 24, 2019, https://reallifemag.com/counting-the-countless/; Hicks, “Hacking the Cis-tem.”

31. 这一观点基于我之前在以下文章中所提出的立论：Jathan Sadowski, “Landlord 2.0: Tech’s New Rentier Capital- ism,” *OneZero*, April 4, 2019, accessed April 24, 2019, https://onezero .medium.com/landlord-2-0-techs-new-rentier-capitalism-a0bfe491b463.
32. Jeff Bezos, “Opening Keynote” (talk at the MIT Emerging Technologies conference, September 27, 2006), accessed July 16, 2018, https://techtv.mit.edu/videos/16180-opening-keynote-and-keynote-interview -with-jeff-bezos.
33. “The World’s Most Valuable Resource Is No Longer Oil, But Data, *Economist*, May 6, 2017, accessed October 9, 2017, https://www.economist.com/news/leaders/21721656-data-economy-demands-new-approach -antitrust-rules-worlds-most-valuable-resource.
34. Matt Taibbi, “The Great American Bubble Machine,” *Rolling Stone*, April 5, 2010, accessed January 14, 2018, https://www.rollingstone.com/politics/news/the-great-american-bubble-machine-20100405.
35. Mara Ferreri and Romola Sanyal, “Platform Economies and Urban Planning: Airbnb and Regulated Deregulation in London,” *Urban Studies* 55, no. 15 (2018): 3353–3368; Hubert Horan, “Will the Growth of Uber Increase Economic Welfare? *Transportation Law Journal* 44, no. 1 (2017): 33–105; Peter Thiel, “Competition Is for Losers,” *Wall Street Journal*, September 12, 2014, accessed October 10, 2018, https://www.wsj.com/ articles/peter-thiel-competition-is-for-losers-1410535536; Frank Pasquale, “From Territorial to Functional Sovereignty: The Case of Amazon,” *Law and Political Economy* (blog), December, 6, 2017, accessed October 10, 2018,

https://lpeblog.org/2017/12/06/from-territorial-to-functional-sovereignty -the-case-of-amazon/.

36. Elizabeth Pollman and Jordan Barry, “Regulatory Entrepreneurship,” *Southern California Law Review* 90, no. 3 (2017): 383.
37. Pasquale, “From Territorial to Functional Sovereignty.”
38. Ian Bogost, “The Problem with Ketchup Leather,” *Atlantic*, November 19, 2015, accessed January 25, 2018, http://www.theatlantic.com/technology/archive/2015/11/burgers-arent-broken/416727/.
39. Evgeny Morozov, *To Save Everything, Click Here: The Folly of Technological Solutionism* (New York: PublicAffairs, 2013).
40. Jathan Sadowski and Evan Selinger, “Creating a Taxonomic Tool for Technocracy and Applying It to Silicon Valley,” *Technology in Society* 38 (August 2014): 161–168.
41. Miguel Angel Centeno, “The New Leviathan: The Dynamics and Limits of Technocracy,” *Theory and Society* 22, no. 3 (1993): 307–335.
42. Aarian Marshall, “Elon Musk Reveals His Awkward Dislike of Mass Transit,” WIRED, December 14, 2017, accessed October 3, 2018, https://www.wired.com/story/elon-musk-awkward-dislike-mass-transit/; Nellie Bowles, “Mark Zuckerberg Chides Board Member over ‘Deeply Upsetting’ India Comments,” *Guardian*, February 10, 2016, accessed October 3, 2018, https://www.theguardian.com/technology/2016/feb/10/facebook-investor-marc-andreessen-apology-offensive-india-tweet-net-neutrality-free-basics.
43. Nicholas Negroponte, *Being Digital* (New York: Vintage Books,

1996), 229.

44. Sadowski and Bendor, "Selling Smartness."

45. Alan-Miguel Valdez, Matthew Cook, and Stephen Potter, "Roadmaps to Utopia: Tales of the Smart City," *Urban Studies* 55, no. 15 (2018): 3383–3403.

46. 这一表述的来源尚不清楚，但它似乎是基于唐娜·哈拉维(Donna Haraway)在1995年发表的一次演讲中所说的话。David Harvey and Donna Haraway, "Nature, Politics, and Possibilities: A Debate and Discussion with David Harvey and Donna Haraway," *Environment and Planning D: Society and Space* 13 (1995): 519.

47. Alex Press, "$15 Isn't Enough to Empower Amazon's Workers," Medium, October 6, 2018, accessed October 11, 2018, https://medium.com/s/powertrip/15-isnt-enough-to-empower-amazon-s-workers-9b 800472fce9.

第四章　高效评级机器

1. Michael Corkery and Jessica Silver-Greenberg, "Miss a Payment?: Good Luck Moving That Car," *New York Times*, September 24, 2014, accessed January 18, 2018, https://dealbook.nytimes.com/2014/09/24/ miss-a-payment-good-luck-moving-that-car.

2. Corkery and Silver-Greenberg, "Miss a Payment?"

3. Corkery and Silver-Greenberg, "Miss a Payment?"

4. Corkery and Silver-Greenberg, "Miss a Payment?"

5. Corkery and Silver-Greenberg, "Miss a Payment?"

6. MattTurner,"WeJustGotSomeDataonAutoLending,andIt's Setting

Off Alarm Bells," Business Insider, September 13, 2016, accessed January 18, 2018,www.businessinsider.com/jpmorgan-gordon-smith-on-auto -lending-2016-9//? r=AU&IR=T/#one-in-eight-loans-is-to-borrowers-with -a-sub-620-fico-score-and-has-a-loan-to-value-ratio-of-more-than-100-2.

7. "Inc. 5000 2015: The Full List," Inc., accessed July 22, 2019, https://www.inc.com/inc5000/list/2015.
8. Corkery and Silver-Greenberg, "Miss a Payment?"
9. Alan M. White, "Borrowing While Black: Applying Fair Lending Laws to Risk-Based Mortgage Pricing," *South Carolina Law Review* 60, no. 3 (2009): 678–706.
10. Virginia Eubanks, *Automating Inequality: How High-Tech Tools Profile, Police, and Punish the Poor* (New York: St. Martin's Press, 2018), 9.
11. Progressive Corporation, *Linking Driving Behavior to Automobile Accidents and Insurance Rate: An Analysis of Five Billion Miles Driven* (Mayfield, OH: Progressive Corporation, 2012), 1.
12. Jathan Sadowski and Frank A. Pasquale, "The Spectrum of Control: A Social Theory of the Smart City," *First Monday* 20, no. 7 (2015): n.p.
13. 有关自我追踪主题最新书籍的精彩综述请参见娜塔莎·道舒尔(Natasha Dow Schüll)的以下作品，该作者自己也写了一本该主题的书：Natasha Dow Schüll, "Our Metrics, Ourselves," Public Books, January 26, 2017, accessed January 10, 2018, www.publicbooks .org/our-metrics-ourselves/. For more in-depth

treatments, see also Gina Neff and Dawn Nafus, *Self-Tracking* (Cambridge, MA: MIT Press, 2016); Kate Crawford, Jessa Lingel, and Tero Karppi, "Our Metrics, Ourselves: A Hundred Years of Self-Tracking from the Weight Scale to the Wrist Wearable Device," *European Journal of Cultural Studies* 18, no. 4–5 (2015): 479–496.

14. Matthew Crain, "The Limits of Transparency: Data Brokers and Commodification," *New Media and Society* 20, no. 1 (2016): 88–104.
15. Federal Trade Commission, *Data Brokers: A Call for Transparency and Accountability*, May 2014, accessed January 10, 2018, https://www.ftc.gov/system/files/documents/reports/data-brokers-call-transparency-account ability-report-federal-trade-commission-may-2014/140527databroker report.pdf.
16. OliviaSolon,"CreditFirmEquifaxSays143mAmericans' SocialSec urity Numbers Exposed in Hack," *Guardian*, September 8, 2017, accessed January 13, 2018, https://www.theguardian.com/us-news/2017/sep/07/ equifax-credit-breach-hack-social-security.
17. Frank Pasquale, *The Black Box Society: The Secret Algorithms That Control Money and Information* (Cambridge, MA: Harvard University Press, 2015), 147.
18. Arvind Narayanan and Vitaly Shmatikov, "Robust De-anonymization of Large Sparse Datasets" (paper presented at the IEEE Symposium on Security and Privacy, Oakland, CA, May 18–20, 2008).
19. Katie Jennings, "How Your Doctor and Insurer Will Know Your Secrets—Even If You Never Tell Them," Business Insider, July

10, 2014, accessed March 22, 2018, https://www.businessinsider.com.au/hospitals -and-health-insurers-using-data-brokers-2014-7?r=US&IR=T.

20. Astra Taylor and Jathan Sadowski, "How Companies Turn Your Face- book Activity into a Credit Score," *Nation*, June 15, 2015, accessed March 22, 2018, https://www.thenation.com/article/how-companies-turn-your-facebook-activity-credit-score/.
21. Robinson and Yu, *Knowing the Score: New Data, Underwriting, and Marketing in the Consumer Credit Marketplace* (Washington DC: Team Upturn, 2014), accessed January 10, 2018, https://www.teamupturn.org/static/files/Knowing_the_Score_Oct_2014_v1_1.pdf.
22. Casey Johnston, " Data Brokers Won't Even Tell the Government How It Uses, Sells Your Data," Ars Technica, December 22, 2013, accessed January 17, 2018, https://arstechnica.com/information-technology/2013/12/data-brokers-wont-even-tell-the-government-how-it-uses-sells-your -data/.
23. Cathy O'Neil, *Weapons of Math Destruction: How Big Data Increases Inequality and Threatens Democracy* (New York: Crown, 2016).
24. Executive Office of the President, *Big Data: Seizing Opportunities, Pre- serving Values* (Washington DC: White House, 2014), 53.
25. Edmund Mierzwinski and Jeffrey Chester, "Selling Consumers Not Lists: The New World of Digital Decision-Making and the Role of the Fair Credit Reporting Act," *Suffolk University Law Review* 46 (2013): 845–880.

26. Taylor and Sadowski, "How Companies Turn Your Facebook Activity into a Credit Score."
27. Edmund Mierzwinski, phone interview with the author, April 28, 2015.
28. 自20世纪90年代初以来，威廉·吉布森（William Gibson）一直在说这句格言。他首次提到这句格言是什么时候并不清楚，但他在此处一直重复这一表述：William Gibson, "The Science in Science Fiction," NPR, October 22, 2018, accessed December 9, 2018, https://www.npr.org/2018/10/22/1067220/ the-science-in-science-fiction.
29. *Modern Times*, directed by Charlie Chaplin (Hollywood, CA: United Artists, 1936).
30. The following description of working in an Amazon warehouse is based on reporting by various investigative journalists cited during the section.
31. Mac McClelland, "I Was a Warehouse Wage Slave," *Mother Jones*, December 2, 2012, accessed January 29, 2018, https://www.motherjones.com/politics/2012/02/mac-mcclelland-free-online-shipping-ware houses-labor/.
32. Spencer Soper, "Inside Amazon's Warehouse," *Morning Call*, September 18, 2011, accessed January 31, 2018, www.mcall.com/news/local/amazon/mc-allentown-amazon-complaints-20110917-story.html.
33. McClelland, "I Was a Warehouse Wage Slave."
34. Jesse LeCavalier, "Human Exclusion Zones: Logistics and New

Machine Landscapes," in *Machine Landscapes: Architectures of the Post Anthropocene*, ed. Liam Young (Oxford: John Wiley and Sons, 2019), 49–55.

35. Soper, "Inside Amazon's Warehouse."
36. Adam Liptak, "Supreme Court Rules against Worker Pay for Screenings in Amazon Warehouse Case," *New York Times*, December 9, 2014, accessed February 1, 2018, https://www.nytimes.com/2014/12/10/busi ness/supreme-court-rules-against-worker-pay-for-security-screenings.html.
37. McClelland, "I Was a Warehouse Wage Slave."
38. Chris Baraniuk, "How Algorithms Run Amazon's Warehouses," BBC, August 1, 2015, accessed January 31, 2018, www.bbc.com/future/story/20150818-how-algorithms-run-amazons-warehouses.
39. Colin Lecher, "How Amazon Automatically Tracks and Fires Warehouse Workers for 'Productivity,'" Verge, April 25, 2019, accessed May 5, 2019, https://www.theverge.com/2019/4/25/18516004/amazon-ware house-fulfillment-centers-productivity-firing-terminations.
40. Simon Head, *Mindless: Why Smarter Machines Are Making Dumber Humans* (New York: Basic Books, 2014).
41. McClelland, "I Was a Warehouse Wage Slave."
42. George Bowden, "Amazon Working Conditions Claims of 'Exploitation' Prompt Calls for Inquiry," HuffPost, December 12, 2016, accessed January 31, 2018, http://www.huffingtonpost.co.uk/entry/amazon-working-conditions-inquiry_uk_584e7530e

4b0b7ff851d3fff; Zoe Drewett, "Undercover AmazonWarehouse Pictures Show What It's Really Like to Work for Online Retailer," Metro, November 27, 2017, accessed Jan- uary 31, 2018, http://metro.co.uk/2017/11/27/amazon-warehouse-staff -taken-away-in-ambulances-during-crippling-55-hour-weeks-7110708/; "Workers at Amazon's Main Italian Hub, German Warehouses Strike on Black Friday," Reuters, November 24, 2017, accessed January 31, 2018, https://www.reuters.com/article/us-amazon-italy-strike/workers-at-amazons-main-italian-hub-german-warehouses-strike-on-black-friday-idUSKBN1DN1DS.

43. John Jeffay, "Amazon Criticized over High Number of Warehouse Ambulance Call Outs," *Scotsman*, November 27, 2017, accessed January 31, 2018, https://www.scotsman.com/news/amazon-criticized-over-high-number-of-warehouse-ambulance-call-outs-1-4623892.
44. Soper, "Inside Amazon's Warehouse."
45. Matt Novak, "Amazon Patents Wristband to Track Hand Movements of Warehouse Employees," Gizmodo, January 31, 2018, accessed February 1, 2018, https://gizmodo.com/amazon-patents-wristband-to-track-hand-movements-of-war-1822590549? IR=T.
46. "What Amazon Does to Wages," *Economist*, January20,2018, accessed January 31, 2018, https://www.economist.com/news/united-states/21735020-worlds-largest-online-retailer-underpaying-its-employees-what -amazon-does-wages.
47. Tana Ganevea, "Work Becomes More Like Prison," Salon,

February 20, 2013, accessed February 2, 2018, https://www.salon.com/2013/02/19/work_becomes_more_like_prison/.

48. Jörn Boewe and Johannes Schulten, *The Long Struggle of the Amazon Employees: Laboratory of Resistance* (New York: Rosa Luxemburg Stiftung, 2017), 13.

49. Karen E. C. Levy, "The Contexts of Control: Information, Power, and Truck-Driving Work," *Information Society* 31, no. 2 (2015): 160–174.

50. Christophe Haubursin, "Automation Is Coming for Truckers. But First, They're Being Watched," Vox, November 20, 2017, accessed February 2, 2018, https://www.vox.com/videos/2017/11/20/16670266/trucking-eld-surveillance.

51. Levy, "The Contexts of Control."

52. Haubursin, "Automation Is Coming for Truckers."

53. Jodi Kantor, "Working Anything but 9 to 5 Scheduling: Technology Leaves Low-Income Parents with Hours of Chaos," *New York Times*, August 13, 2014, accessed February 2, 2018, http://www.nytimes.com/ interactive/2014/08/13/us/starbucks-workers-scheduling-hours.html.

54. Kantor, "Working Anything but 9 to 5 Scheduling."

55. Olivia Solon, "Big Brother Isn't Just Watching: Workplace Surveillance Can Track Your Every Move," *Guardian*, November 6, 2017, accessed November 7, 2018, https://www.theguardian.com/world/2017/nov/06/workplace-surveillance-big-brother-technology.

56. Maggie Astor, "Microchip Implants for Employees? One Company Says Yes," *New York Times*, July 25, 2017, accessed February

7, 2018, https://www.nytimes.com/2017/07/25/technology/microchips-wiscon sin-company-employees.html.

57. Astor, "Microchip Implants for Employees?"
58. Elizabeth Anderson, *Private Government: How Employers Rule Our Lives (and Why We Don't Talk about It)* (Princeton, NJ: Princeton University Press, 2017), 39.
59. Danielle Keats Citron and Frank Pasquale, "The Scored Society: Due Process for Automated Predictions," *Washington Law Review* 89, no. 1 (2014): 1–33.
60. Rob Aitken, "'All Data Is Credit Data': Constituting the Unbanked," *Competition and Change* 21, no. 4 (2017): 274–300.
61. Oliver Burkeman, "Why Time Management Is Ruining Our Lives," *Guardian*, December 22, 2016, accessed February 8, 2018, https://www.theguardian.com/technology/2016/dec/22/why-time-management-is-ruining-our-lives.
62. Harry Braverman, *Labor and Monopoly Capital: The Degradation of Work in the Twentieth Century* (New York: Monthly Review Press, 1974).
63. Brett Frischmann and Evan Selinger, "Robots Have Already Taken over Our Work, but They're Made of Flesh and Bone," *Guardian*, September 25, 2017, accessed February 8, 2018, https://www.theguardian.com/commentisfree/2017/sep/25/robots-taken-over-work-jobs-economy. See also Brett Frischmann and Evan Selinger, *Re-Engineering Humanity* (Cambridge: Cambridge University Press, 2018).
64. Mark Andrejevic, "The Big Data Divide," *International Journal of*

Communication 8 (2014): 1674.

第五章 智能生活机器

1. "There's No Place Like [a Connected] Home," McKinsey & Company, accessed June 25, 2018, https://www.mckinsey.com/spContent/connect ed_homes/index.html.
2. Leah Pickett, "The Smart Home Revolution," *Appliance Design* 63, no. 1 (2015): 16–18.
3. Brian Merchant, "Nike and Boeing Are Paying Sci-Fi Writers to Predict Their Futures," Medium, November 29, 2018, accessed December 10, 2018, https://medium.com/s/thenewnew/nike-and-boeing-are-paying-sci-fi-writers-to-predict-their-futures-fdc4b6165fa4?fbclid=IwAR3 nZ7uUtL_svbxw6GTqOe70fWZ4zfe8OuovsUuopeORxSgSrYL-OgyR3BM.
4. Chloe Kent, "11 Reasons 'Smart House' Is the Best Disney Channel Original Movie," Bustle, May 14, 2016, accessed February 21, 2018, https://www.bustle.com/articles/147518-11-reasons-smart-house-is-the -best-disney-channel-original-movie.
5. Ruth Schwartz Cowan, More *Work for Mother: The Ironies of Household Technology from the Open Hearth to the Microwave* (New York: Basic Books, 1985).
6. Yolande Strengers and Larissa Nicholls, "Aesthetic Pleasures and Gendered TechWork in the 21st-Century Smart Home," *Media International Australia* 166, no. 1 (2018): 75.
7. Philip K. Dick, Ubik (New York: Houghton Mifflin Harcourt

Publishing Company, 1969), 24–25.

8. Fabian Brunsing, "Pay & Sit: The Private Bench," Vimeo, September 4, 2008, accessed February 21, 2018, https://vimeo.com/1665301.
9. Jathan Sadowski, "Landlord 2.0: Tech's New Rentier Capitalism," *OneZero*, April 4, 2019, accessed April 24, 2019, https://onezero.medium .com/landlord-2-0-techs-new-rentier-capitalism-a0bfe491b463.
10. Desiree Fields, "The Automated Landlord: Digital Technologies and Post-Crisis Financial Accumulation," *Environment and Planning A* (2019), accessed August 21, 2019, https://journals.sagepub.com/doi/full/10 .1177/0308518X19846514.
11. Nellie Bowles, "Thermostats, Locks and Lights: Digital Tools of Domestic Abuse," *New York Times*, June 23, 2018, accessed June 25, 2018, https://www.nytimes.com/2018/06/23/technology/smart-home-devices-domestic-abuse.html.
12. "Forecast Market Size of the Global Smart Home Market from 2016 to 2022 (in Billion U.S. Dollars)," Statista, 2016, accessed February 20, 2018, https://www.statista.com/statistics/682204/global-smart-home -market-size/.
13. Kim Severson, "Kitchen of the Future: Smart and Fast but Not Much Fun," *New York Times*, October 13, 2017, accessed January 14, 2018, https://www.nytimes.com/2017/10/13/dining/smart-kitchen-future.html.
14. Bruce Sterling, *The Epic Struggle for the Internet of Things* (Moscow, Russia: Strelka Press, 2014), loc. 68.

15. Adam Davidson, "A Washing Machine That Tells the Future," *New Yorker*, October 23, 2017, accessed October 23, 2017, https://www.newyorker.com/magazine/2017/10/23/a-washing-machine-that-tells-the-future.

16. Jathan Sadowski, "When Data Is Capital: Datafication, Accumulation, Extraction," *Big Data and Society* 6, no. 1 (2018): 1–12.

17. Rhett Jones, "Roomba's Next Big Step Is Selling Maps of Your Home to the Highest Bidder," Gizmodo, July 25, 2017, accessed January 14, 2018, https://www.gizmodo.com.au/2017/07/roombas-next-big-step-is-selling-maps-of-your-home-to-the-highest-bidder/.

18. Lauren Kirchner, "Your Smart Home Knows a Lot about You," ProPublica, October 9, 2015, accessed January 16, 2018, https://www.propublica.org/article/your-smart-home-knows-a-lot-about-you.

19. Ulrich Greveler, Benjamin Justus, and Dennis Loehr, "Multimedia Content Identification through Smart Meter Power Usage Profiles" (paper presented at the Computers, Privacy, and Data Protection conference, Brussels, Belgium, January 25, 2012).

20. Sapna Maheshwari, "How Smart TVs in Millions of U.S. Homes Track More Than What's on Tonight," *New York Times*, July 5, 2018, accessed July 6, 2018, https://www.nytimes.com/2018/07/05/business/ media/tv-viewer-tracking.html.

21. Justin McGuirk, "Honeywell, I'm Home! The Internet of Things and the New Domestic Landscape," e-flux, April 2015, accessed April

29, 2015, http://www.e-flux.com/journal/honeywell-im-home-the-internet -of-things-and-the-new-domestic-landscape/.

22. 这个部分是我基于对之前一篇文章中有关保险业的分析内容进行重大拓展与修订后完成的：Sophia Maalsen and Jathan Sadowski, "The Smart Home on FIRE: Amplifying and Accelerating Domestic Surveillance," *Surveillance and Society* 17, no. 1–2 (2019): 118–124.
23. "The Internet of Things: Opportunity for Insurers," A. T. Kearny,2014, accessed January 16, 2018, https://www.atkearney.com/financial-services/article?/a/the-internet-of-things-opportunity-for-insurers.
24. Andrew Boyd, "Could Your Fitbit Data Be Used to Deny You Health Insurance?," Conversation, February 17, 2017, accessed February 26, 2018, https://theconversation.com/could-your-fitbit-data-be-used-to-deny -you-health-insurance-72565.
25. Gordon Hull and Frank Pasquale, "Toward a Critical Theory of Corporate Wellness," *BioSocieties* 13, no. 1 (2018): 191.
26. Derek Kravits and Marshall Allen, "Your Medical Devices Are Not Keeping Your Health Data to Themselves," ProPublica, November 21, 2018, accessed November 26, 2018, https://www.propublica.org/article/your-medical-devices-are-not-keeping-your-health-data-to-themselves.
27. Marshall Allen, "You Snooze, You Lose: Insurers Make the Old Adage Literally True," ProPublica, November 21, 2018, accessed November 26, 2018, https://www.propublica.org/article/you-snooze-you-lose-insurers -make-the-old-adage-literally-true.

28. Quoted in Stacey Higginbotham, "Why Insurance Companies Want to Subsidize Your Smart Home," *MIT Technology Review*, October 12, 2016, accessed February 26, 2018, https://www.technologyreview .com/s/602532/why-insurance-companies-want-to-subsidize-your-smart -home/.
29. Higginbotham, "Why Insurance Companies Want to Subsidize Your Smart Home."
30. Rik Myslewski, "The Internet of Things Helps Insurance Firms Reward, Punish," *Register*, May 23, 2014, accessed January 16, 2018, https://www.theregister.co.uk/2014/05/23/the_internet_of_things _helps_insurance_firms_reward_punish/.
31. IBM Institute for Business Value, *Rethinking Insurance: How Cognitive Computing Enhances Engagement and Efficiency* (Somers, NY: IBM Corporation, 2017), accessed March 24, 2018, https://www.oxfordeconomics .com/my-oxford/projects/356658.
32. 请看例子：John Rappaport, "How Private Insurers Regulate Public Police," *Harvard Law Review* 130, no. 6 (2017): 1539–1614.
33. Tom Baker and Jonathan Simon, "Embracing Risk," in *Embracing Risk: The Changing Culture of Insurance and Responsibility*, ed. Tom Baker and Jonathan Simon (Chicago: University of Chicago Press, 2002), 13.
34. Scott R. Peppet, "Unraveling Privacy: The Personal Prospectus and the Threat of a Full-Disclosure Future," *Northwestern University Law Review* 105, no. 3 (2011): 1153–1204.
35. Chapo Trap House, "Episode 190—School's Out Feat. Michael

Mochaidean," SoundCloud, March 4, 2018, accessed March 5, 2018, https://soundcloud.com/chapo-trap-house/episode-190-schools-out-feat-michael-mochaidean-3418.

36. Peppet, "Unraveling Privacy."
37. Kashmir Hill and Surya Mattu, "The House That Spied on Me," Gizmodo, February 8, 2018, accessed February 20, 2018, https://www.gizmodo.com.au/2018/02/the-house-that-spied-on-me/.
38. Hill and Mattu, "The House That Spied on Me."

第六章　城市战争机器

1. Jathan Sadowski and Roy Bendor, "Selling Smartness: Corporate Narratives and the Smart City as a Sociotechnical Imaginary," *Science, Technology, and Human Values* 44, no. 3 (2018): 540–563.
2. Orit Halpern, Jesse LeCavalier, Nerea Calvillo, and Wolfgang Pietsch, "Test-Bed Urbanism," *Public Culture* 25, no. 2 (2013): 273–306.
3. Linda Poon, "Sleepy in Songdo, Korea's Smartest City," CityLab, June 22, 2018, accessed December 11, 2018, https://www.citylab.com/life/2018/06/sleepy-in-songdo-koreas-smartest-city/561374/.
4. Sadowski and Bendor, "Selling Smartness."
5. Taylor Shelton, Matthew Zook, and Alan Wiig, "The 'Actually Existing Smart City,'" *Cambridge Journal of Regions, Economy, and Society* 8, no. 1 (2014): 13–25.
6. David Amsden, "Who Runs the Streets of New Orleans?", *New York Times Magazine*, July 30, 2015, accessed June 7, 2018, https://www.

nytimes.com/2015/08/02/magazine/who-runs-the-streets-of-new -orleans.html.

7. Quoted in Amsden, "Who Runs the Streets of New Orleans?"
8. Amsdcn, "Who Runs the Streets of New Orleans?"
9. Aidan Mosselson, "Everyday Security: Privatized Policing, Local Legitimacy and Atmospheres of Control," *Urban Geography* 40, no. 1 (2018): 16–36.
10. Amsden, "Who Runs the Streets of New Orleans?"
11. Elizabeth E. Joh, "The Undue Influence of Surveillance Companies on Policing," *New York University Law Review* 92 (2017): 101–130.
12. Ali Winston and Ingrid Burrington, "A Pioneer in Predictive Policing Is Starting a Troubling New Project," Verge, April 26, 2018, accessed June 12, 2018, https://www.theverge.com/2018/4/26/17285058/predictive-policing-predpol-pentagon-ai-racial-bias; Peter Waldman, Lizette Chap-man, and Jordan Roberson, "Palantir Knows Everything about You," Bloomberg, April 19, 2018, accessed June 12, 2018, https://www.bloom berg.com/features/2018-palantir-peter-thiel/.
13. Waldman, Chapman, and Roberson, "Palantir Knows Everything about You."
14. Ali Winston, "Palantir Has Secretly Been Using New Orleans to Test Its Predictive Policing Technology," Verge, February 27, 2018, accessed June 12, 2018, https://www.theverge.com/2018/2/27/17054740/palantir -predictive-policing-tool-new-orleans-nopd.
15. Winston and Burrington, "A Pioneer in Predictive Policing Is Starting a Troubling New Project."

16. Andrew G. Ferguson, *The Rise of Big Data Policing: Surveillance, Race, and the Future of Law Enforcement* (New York: NYU Press, 2017).
17. American Civil Liberties Union, *War Comes Home* (New York: American Civil Liberties Union, 2015), accessed July 25, 2018, https://www .aclu.org/feature/war-comes-home.
18. Stephen Graham, "The Urban 'Battlespace,'" *Theory, Culture and Society* 26, no. 7–8 (2009): 278–288.
19. Graham, "The Urban 'Battlespace,'" 284.
20. Radley Balko, *Rise of the Warrior Cop: The Militarization of America's Police Forces* (New York: PublicAffairs, 2013); Stephen Graham, *Cities under Siege: The New Military Urbanism* (London: Verso, 2011).
21. Shaun Walker and Oksana Grytsenko, "Text Messages Warn Ukraine Protesters They Are 'Participants in Mass Riot,'" *Guardian*, January 21, 2014, accessed June 13, 2018, http://www.theguardian.com/world/2014/jan/21/ukraine-unrest-text-messages-protesters-mass-riot.
22. "Stop and Frisk Data," New York Civil Liberties Union, n.d., accessed June 21, 2018, https://www.nyclu.org/en/stop-and-frisk-data.
23. American Civil Liberties Union, *War Comes Home*.
24. Louise Amoore, "Algorithmic War: Everyday Geographies of the War on Terror," *Antipode* 41, no. 1 (2009): 49–69.
25. Bruce Schneier, "Mission Creep: When Everything Is Terrorism," *Atlantic*, July 16, 2013, accessed June 21, 2018, https://www.

theatlantic.com/politics/archive/2013/07/mission-creep-when-everything-is -terrorism/277844/.

26. Sarah Brayne, "Big Data Surveillance: The Case of Policing," *American Sociological Review* 82, no. 5 (2017): 977.
27. Paul Mozur, "Inside China's Dystopian Dreams: A.I., Shame and Lots of Cameras," *New York Times*, July 8, 2018, accessed July 24, 2018, https://www.nytimes.com/2018/07/08/business/china-surveillance-technology.html.
28. Quoted in Brayne, "Big Data Surveillance," 989.
29. Justin Jouvenal, "The New Way Police Are Surveilling You: Calculating Your Threat 'Score,'" *Washington Post*, January 10, 2016, accessed July 23, 2018, https://www.washingtonpost.com/local/public-safety the-new-way-police-are-surveilling-you-calculating-your-threat-score/2016/01/10/e42bccac-8e15-11e5-baf4-bdf37355da0c_story.html.
30. Intrado, "Beware Incident Intelligence," ACLU of Northern California, n.d., accessed July 23, 2018, https://www.aclunc.org/docs/201512-social_media_monitoring_softare_pra_response.pdf.
31. Julia Angwin, Jeff Larson, Surya Mattu, and Lauren Kirchner, "Machine Bias," ProPublica, May 23, 2016, accessed July 23, 2018,https://www.propublica.org/article/machine-bias-risk-assessments-in -criminal-sentencing.
32. Brayne, "Big Data Surveillance," 989.
33. Emmanuel Didier, "Globalization of Quantitative Policing: Between Management and Statactivism," *Annual Review Sociology* 44 (2018):

515–534.

34. Didier, "Globalization of Quantitative Policing," 519.
35. R. Joshua Scannell, "Broken Windows, Broken Code," Real Life, August 29, 2016, accessed July 24, 2018, realifemag.com/broken-windows-broken-code.
36. Brayne, "Big Data Surveillance," 989.
37. Maurice Chammah, "Policing the Future," Verge, February 3, 2016, accessed July 24,2018,http://www.theverge.com/2016/2/3/10895804/st-louis-police-hunchlab-predictive-policing-marshall-project.
38. Jay Stanley, "Chicago Police 'Heat List' Renews Old Fears about Government Flagging and Tagging," ACLU Free Future, February 25, 2014, accessed July 24, 2018, https://www.aclu.org/blog/privacy-technology/chicago-police-heat-list-renews-old-fears-about-government-flagging-and?redirect=blog/chicago-police-heat-list-renews-old-fears-about-government-flagging-and-tagging.
39. Theodore M. Porter, *Trust in Numbers: The Pursuit of Objectivity in Science and Public Life* (Princeton, NJ: Princeton University Press, 1996).
40. Elizabeth E. Joh, "The New Surveillance Discretion: Automated Suspicion, Big Data, and Policing," *Harvard Law and Policy Review* 10 (2016): 15.
41. Brayne, "Big Data Surveillance," 992.
42. Rob Kitchin, *Getting Smarter about Smart Cities: Improving Data Privacy and Data Security* (Dublin, Ireland: Data Protection Unit, Department of the Taoiseach, 2016), 36.
43. John Gilliom and Torin Monahan, *SuperVision: An Introduction*

to the Surveillance Society (Chicago: University of Chicago Press, 2012); Bruce Schneier, *Data and Goliath: The Hidden Battles to Collect Your Data and Control Your World* (New York: W. W. Norton and Company, 2016).

44. Torin Monahan and Priscilla M. Regan, "Zones of Opacity: Data Fusion in Post 9/11 Security Organizations," *Canadian Journal of Law and Society* 27, no. 3 (2012): 301, 302.
45. Monahan and Regan, "Zones of Opacity," 307.
46. Torin Monahan and Jill A. Fisher, "Strategies for Obtaining Access to Secretive or Guarded Organizations," *Journal of Contemporary Ethnography* 44, no. 6 (2015): 709–736.
47. Priscilla M. Regan and Torin Monahan, "Beyond Counterterrorism: Data Sharing, Privacy, and Organizational Histories of DHS Fusion Centers," *International Journal of E-Politics* 4, no. 3 (2013): 1–14; Priscilla M. Regan, Torin Monahan, and Krista Craven, "Constructing the Suspicious: Data Production, Circulation, and Interpretation by DHS Fusion Centers," *Administration and Society* 47, no. 6 (2015): 740–762.
48. Sarah Brayne, "Surveillance and System Avoidance: Criminal Justice Contact and Institutional Attachment," *American Sociological Review* 70, no. 3 (2014): 367.
49. Kurt Iveson and Sophia Maalsen, "Social Control in the Networked City: Datafied Dividuals, Disciplined Individuals and Powers of Assembly," *Environment and Planning D: Society and Space* 37, no. 2 (2018): 331–349.
50. New York Police Department, "Technology," nyc.gov, n.d., accessed

July 30, 2018, https://www1.nyc.gov/site/nypd/about/about-nypd/equipment-tech/technology.page.

51. R. Joshua Scannell, "*Electric Light: Automating the Carceral State during the Quantification of Everything*" (PhD diss., City University of New York, 2018); R. Joshua Scannell, "Both a Cyborg and a Goddess: Deep Managerial Time and Informatic Governance," in *Object-Oriented Feminism*, ed. Katherine Behar (Minneapolis: University of Minnesota Press, 2016), 256.
52. Scannell, "Both a Cyborg and a Goddess," 256.
53. Andrés Luque-Ayala and Simon Marvin, "The Maintenance of Urban Circulation: An Operational Logic of Infrastructural Control," *Environment and Planning D: Society and Space* 34, no. 2 (2016): 191–208; Alan Wiig, "Secure the City, Revitalize the Zone: Smart Urbanization in Camden, New Jersey," *Environment and Planning C: Politics and Space* 36, no. 3 (2018): 403–422.
54. Monte Reel, "Secret Cameras Record Baltimore's Every Move from Above," Bloomberg Businessweek, August 23, 2016, accessed August 1, 2018, https://www.bloomberg.com/features/2016-baltimore -secret-surveillance/.
55. Alfred Ng, "Amazon's Helping Police Build a Surveillance Network with Ring Doorbells," CNET, June 5, 2019, accessed July 26, 2019, https://www.cnet.com/features/amazons-helping-police-build-a-surveillance -network-with-ring-doorbells/.
56. Kinling Lo, "In China, These Facial-Recognition Glasses Are Helping Police to Catch Criminals," *South China Morning Post*,

February 7, 2018, accessed August 1, 2018, https://www.scmp.com/news/china/society/article/2132395/chinese-police-scan-suspects-using-facial-recognition-glasses.

57. James Vincent, "Artificial Intelligence Is Going to Supercharge Surveillance," Verge, January 23, 2018, accessed August 1, 2018, https://www.theverge.com/2018/1/23/16907238/artificial-intelligence -surveillance-cameras-security.

58. Woodrow Hartzog and Evan Selinger, "Facial Recognition Is the Perfect Tool for Oppression," Medium, August 2, 2018, accessed August 9, 2018, https://medium.com/s/story/facial-recognition-is-the-perfect -tool-for-oppression-bc2a08f0fe66.

59. Colleen McCue, *Data Mining and Predictive Analysis: Intelligence Gathering and Crime Analysis* (New York: Butterworth-Heinemann, 2007), 48.

第七章　把握智能：愚蠢世界的应对策略

1. Jathan Sadowski, "*Selling Smartness: Visions and Politics of the Smart City" (*PhD diss., Arizona State University, 2016).

2. Langdon Winner, "Do Artifacts Have Politics?," *Daedalus* 109, no. 1 (1980): 125.

3. Quoted in Nick Srnicek and Alex Williams, *Inventing the Future: Post-capitalism and a World without Work* (London: Verso, 2015), 69.

4. Adam Barr, "Microresistance: Inside the Day of a Supermarket Picker," Notes from Below, March 30, 2018, accessed October 29, 2018, https:// notesfrombelow.org/article/inside-the-day-of-a-

supermarket-picker.

5. Ifeoma Ajunwa, Kate Crawford and Jason Schultz, "Limitless Worker Surveillance," *California Law Review* 105 (2017): 735–776.
6. Barr, "Microresistance."
7. Elizabeth Gurley Flynn, *Sabotage: The Conscious Withdrawal of the Workers' Industrial Efficiency* (Chicago: IWW Publishing Bureau, 1917).
8. 这个称呼来自于该组织的领导人内德·卢德（Ned Ludd），他甚至可能不是一个真人，但在这里并不重要。
9. Robert Byrne, "A Nod to Ned Ludd," *Baffler*, August 2013, accessed October 30, 2018, https://thebaffler.com/salvos/a-nod-to-ned-ludd.
10. Byrne, "A Nod to Ned Ludd."
11. Karl Marx, *Capital, Volume 1*, trans. Ben Fowkes (London: Penguin Classics, 1990), 554–555.
12. 在《自主的技术》(*Autonomous Technology*) 一书中，兰登·温纳 (Langdon Winner) 概述了他所谓的"作为认识论的卢德主义"，这是对我在这里所提出的战术性废止更具哲学意义的补充。Langdon Winner, *Autonomous Technology: Technics-Out-of-Control as a Theme in Political Thought* (Cambridge, MA: MIT Press, 1978).
13. Cynthia Selin and Jathan Sadowski, "Against Blank Slate Futuring: Noticing Obduracy in the City through Experiential Methods of Public Engagement," in *Remaking Participation: Science, Environment and Emer- gent Publics*, ed. Jason Chilvers and Matthew Kearnes (New York: Rout- ledge, 2015), 218–237.
14. Walter Benjamin, "The Destructive Character," *Frankfurter Zeitung*,

November 20, 1931, accessed December 17, 2018, https://www.revistapunkto.com/2011/12/destructive-character-walter-benjamin.html.

15. Andrew Russell and Lee Vinsel, "Hail the Maintainers," Aeon Magazine, April 7, 2016, accessed July 29, 2019, https://aeon.co/essays/innovation-is-overvalued-maintenance-often-matters-more.
16. Jay Stanley, "The Virtues of Dumbness," ACLU Free Future, Septem- ber 30, 2015, accessed November 19, 2018, https://www.aclu.org/blog/ privacy-technology/surveillance-technologies/virtues-dumbness.
17. Marx, *Capital*, 554–555.
18. Sam Palmisano, "Building a Smarter Planet: The Time to Act Is Now," Chatham House, January 12, 2010, accessed October 3, 2018, https://www.chathamhouse.org/sites/files/chathamhouse/15656_120110palmisano.pdf.
19. Torin Monahan, "The Right to Hide? Anti-Surveillance Camouflage and the Aestheticization of Resistance," *Communication and Critical/Cultural Studies* 12, no. 2 (2015): 159–178.
20. Ronald Kline and Trevor Pinch, "Users as Agents of Technological Change: The Social Construction of the Automobile in the Rural United States," *Technology and Culture* 37, no. 4 (1996): 763–795.
21. William Gibson, *Distrust That Particular Flavor* (New York: Putnam, 2012), 10.
22. Adam Thierer, *Permissonless Innovation: The Continuing Case for Com- prehensive Technological Freedom* (Arlington, VA: Mercatus Center, 2016).

23. Nancy Ettlinger, "Algorithmic Affordances for Productive Resistance," *Big Data and Society* 5, no. 1 (2018), accessed July 8, 2019, https://journals.sagepub.com/doi/10.1177/2053951718771399.

24. David H. Guston, "Innovation Policy: Not Just a Jumbo Shrimp," *Nature* 454 (2008): 940–941.

25. Michael Polanyi, "The Republic of Science: Its Political and Economic Theory," *Minerva* 1, no. 1 (1962): 62.

26. David H. Guston, "The Pumpkin or the Tiger? Michael Polanyi, Frederick Soddy, and Anticipating Emerging Technologies," *Minerva* 50, no. 3 (2012): 363–379.

27. Candida Brush, Patricia Greene, Lakshmi Balachandra, and Amy Davis, "The Gender Gap in Venture Capital—Progress, Problems, and Perspectives," *Venture Capital: An International Journal of Entrepreneurial Finance* 20, no. 2 (2018): 115–136; Sarah Myers West, Meredith Whit- taker, and Kate Crawford, *Discriminating Systems: Gender, Race, and Power in AI* (New York: AI Now Institute, 2019).

28. Ray Fisman and Tim Sullivan, "The Internet of 'Stuff Your Mom Won't Do for You Anymore,'" *Harvard Business Review*, July 26, 2016, accessed November 1, 2018, https://hbr.org/2016/07/the-internet-of -stuff-your-mom-wont-do-for-you-anymore.

29. Paolo Cardullo and Rob Kitchin, "Smart Urbanism and Smart Citizenship: The Neoliberal Logic of 'Citizen-Focused' Smart Cites in Europe," *Environment and Planning C: Politics and Space*, 2018, DOI: 10.1177/0263774X18806508

30. Richard E. Sclove, *Democracy and Technology* (New York: Guilford

Press, 1995), 27.

31. Wendy Brown, "Sacrificial Citizenship: Neoliberalism, Human Capital, and Austerity Politics," *Constellations* 23, no. 1 (2016): 3–14.
32. Frank Pasquale, *The Black Box Society: The Secret Algorithms That Control Money and Information* (Cambridge, MA: Harvard University Press, 2015).
33. Jathan Sadowski, "Office of Technology Assessment: History, Implementation, and Participatory Critique," *Technology in Society* 42 (2015): 9–20; Jathan Sadowski and David H. Guston, "Technology Assessment in the USA: Distributed Institutional Governance," *Technology Assessment—Theory and Practice* 24, no. 1 (2015): 53–59; Cynthia Selin, Kelly Campbell Rawlings, Kathryn de Ridder-Vignone, Jathan Sadowski, Carlo Altamirano Allende, Gretchen Gano, Sarah R. Davies, and David H. Guston, "Experiments in Engagement: Designing Public Engagement with Science and Technology for Capacity Building," *Public Understanding of Science* 26, no. 6 (2017): 634–649; Ben A. Wender, Rider W. Foley, Troy A. Hottle, Jathan Sadowski, Valentina Prodo-Lopez, Daniel A. Eisenberg, Lise Laurin, and Thomas P. Seager, "Anticipatory Life Cycle Assessment for Responsible Research and Innovation," *Journal of Responsible Innovation* 1, no. 2 (2014): 200–207.
34. 那些想要获取更详细论据的读者应该从以下两本书开始阅读，这两本书详细阐述了我所概述的两项改革。有关第一项提议的内容请参见斯洛夫 (Sclove) 的《民主和技术》(*Democracy and Technology*)。有关第二项提议的内容请参见帕斯奎尔

(Pasquale) 的《黑箱社会》(*The Black Box Society*)。

35. 本节是基于“卢卡斯计划”的详细报告撰写的，该计划是以可持续发展的社会、技术和环境途径 (STEPS) 为中心而制定的。Adrian Smith, “Socially Useful Production,” STEPS Working Paper (Brighton, UK: STEPS Centre, 2014), 1 (emphasis added).
36. Smith, “Socially Useful Production,” 5.
37. Mike Cooley, *Architect or Bee? The Human Price of Technology*, 2nd ed. (London: Hogarth Press, 1987), 139.
38. Smith, “Socially Useful Production,” 2.
39. Quoted in STEPS Centre, “Lucas Plan Documentary,” YouTube, January 16,1978, accessed November 8, 2018, https://www.youtube.com/ watch?v=0pgQqfpub-c.
40. STEPS Centre, “Lucas Plan Documentary.”
41. Mariana Mazzucato, *The Entrepreneurial State: Debunking Public vs. Private Sector Myths*, rev. ed. (New York: PublicAffairs, 2015).
42. Olivia Solon and Sabrina Siddiqui, “Forget Wall Street—Silicon Valley Is the New Political Power in Washington,” *Guardian*, September 3, 2017, accessed November 20, 2018, https://www.theguardian.com/ technology/2017/sep/03/silicon-valley-politics-lobbying-washington.
43. Moira Weigel, “Coders of the World, Unite: Can Silicon Valley Workers Curb the Power of Big Tech?,” *Guardian*, October 31, 2017, accessed November 9, 2018, https://www.theguardian.com/news/2017/ oct/31/coders-of-the-world-unite-can-silicon-valley-workers-curb-the -power-of-big-tech.
44. Federal Trade Commission, *Data Brokers: A Call for Transparency*

and Accountability (Washington, DC: Federal Trade Commission, 2014).

45. Sheryl Frenkel, Nicholas Confessore, Cecilia Kang, Matthew Rosenberg, and Jack Nicas, "Delay, Deny and Deflect: How Facebook's Leaders Fought through Crisis," *New York Times*, November 14, 2018, accessed November 22, 2018, https://www.nytimes.com/2018/11/14/technology/facebook-data-russia-election-racism.html.
46. Derek Thompson, "Amazon's HQ2 Spectacle Isn't Just Shameful—It Should Be Illegal," *Atlantic*, November 12, 2018, accessed November 22, 2018, https://www.theatlantic.com/ideas/archive/2018/11/amazons-hq2-spectacle-should-be-illegal/575539; Jathan Sadowski, "Tech Companies Want to Run Our Cities," Medium, October 19, 2018, accessed November 22, 2018, https://medium.com/s/story/tech-companies-want -to-run-our-cities-d6c2482bf228.
47. Katrina Forrester, "Known Unknowns," *Harper's*, September 2018, accessed November 22, 2018, https://harpers.org/archive/2018/09/the-known-citizen-a-history-of-privacy-in-modern-america-sarah-igo- review/.
48. Jathan Sadowski, "Why Do Big Hacks Happen? Blame Big Data," *Guardian*, September 9, 2017, accessed November 22, 2018, https://www.theguardian.com/commentisfree/2017/sep/08/why-do-big-hacks-happen-blame-big-data.
49. Astra Taylor and Jathan Sadowski, "How Companies Turn Your

Facebook Activity into a Credit Score," *Nation*, June 15, 2015, accessed March 22, 2018, https://www.thenation.com/article/how-companies-turn-your-facebook-activity-credit-score/.

50. Lina M. Khan, "Amazon's Antitrust Paradox," *Yale Law Journal* 126, no. 3 (2017): 710–805.
51. Virginia Eubanks, *Automating Inequality: How High-Tech Tools Profile, Police, and Punish the Poor* (New York: St. Martin's Press, 2018).
52. Karen Gregory, "Big Data, Like Soylent Green, Is Made of People," Digital Labor Working Group, November 5, 2014, accessed November 22, 2018, https://digitallabor.commons.gc.cuny.edu/2014/11/05/big-data -like-soylent-green-is-made-of-people/.
53. Tony Smith, "Red Innovation," *Jacobin* 17 (Spring 2015): 79.
54. Nick Srnicek, "We Need to Nationalise Google, Facebook and Amazon. Here's Why," *Guardian*, August 30, 2017, accessed November 22, 2018, https://www.theguardian.com/commentisfree/2017/aug/30/nationalise-google-facebook-amazon-data-monopoly-platform-public-interest.
55. See also Ben Tarnoff, "The Data Is Ours!," *Logic* 4 (2018): 91–110.

余 论

1. David N. Nye, *American Technological Sublime* (Cambridge, MA: MIT Press, 1996).
2. Karl Marx, "Letter from Marx to Arnold Ruge in Dresden" (1844), marxists.org, accessed November 29, 2018, https://www.marxists.

org/archive/marx/works/1843/letters/43_09-alt.htm.

3. 作家蒂姆·莫恩 (Tim Maughan) 不断记录着我们的现实生活与保罗·韦霍文 (Paul Verhoeven) 电影之间怪异和恐怖的呼应。这定期提醒着人们，我们实际上正生活在一部韦霍文式的电影当中，参见：@timmaughan, Twitter, July 13, 2017, accessed November 27, 2018, https://twitter.com/timmaughan/status/885385606662172681.
4. Thomas Piketty, *Capital in the Twenty-First Century* (Cambridge, MA: Harvard University Press, 2017).
5. Virginia Eubanks, *Automating Inequality: How High-Tech Tools Profile, Police, and Punish the Poor* (New York: St. Martin's Press, 2018), 9.

索 引

（所注页码为英文原书页码）

A

B

C

D

E

F

G

H

I

J

K

L

M

N

O

P

Q

R

S

T

U

V

W

Z

致 谢

这本书得以面世要感谢很多人，他们在知识方面、社会资源和专业方面做出了重要贡献。我无法向所有值得感谢的人逐一致谢，在此仅简要表达我诚挚的谢意。

感谢我的家人，他们一直给予我支持和鼓励，即使他们并不完全清楚我一直在忙什么。读研时，我一直在全国各地学习，成为学者后又开始在世界各地工作。他们深知这是我非常在乎的追求，他们总是以任何可能的方式帮助我寻找机会。

感谢我生活和旅行过的所有地方的朋友们，你们让我在研究本书的思想时保持清醒。我叫不出你们所有人的名字——坦佩船员、代尔夫特船员和悉尼船员，我无论何时走到何处都能见到这些四海为家的船员——但你们知道自己是谁。

我并不想显得偏心，但如果不专门感谢那两位我每日与之交谈的好朋友，就太过疏忽了。索菲亚·马尔森（Sophia Maalsen）是任何人都希望结交的最佳工作伴侣。我们经常一起聊天、喝咖啡、散步，这是我美好生活中必不可少的习惯。从见第一面起，艾米·格拉夫（Amy Graff）就一直是我最亲密的朋友之一。我很感激这份珍贵的友谊，即使跨越时空，它依旧牢固且亲密。

我很幸运能把写这本书作为我的工作。我曾经工作过的大学——亚利桑那州立大学、代尔夫特理工大学，特别是悉尼大学，都为我潜心研究提供了条件，我合作过的同事们也都非常出色。我幸运地参与了不同的研究小组和项目团队，这为我们分享想法、讨论工作进展、庆祝成功和挫败后互相安抚提供了所需空间。

最后，我从一个不断壮大的由同事和同行所组成的网络社群中受益匪浅。多个日夜，我参加各种会议、研讨班和座谈会，同时我建立了这个社群。在这里，我可以和最杰出和最慷慨的学者们一起交流。而这个社群也通过我在推特上所遇到的人、所开展的交谈和在推特潜水的过程中不断发展起来。无论好坏，这些线上经历同样也塑造着我。有时候，这两个空间会交叉重叠，这感觉既古怪又奇妙。在美好的日子里，我非常开心能成为这个活跃社群的一分子，而在糟糕的日子里，我会暂时离线。